公路养护实用技术培训教材

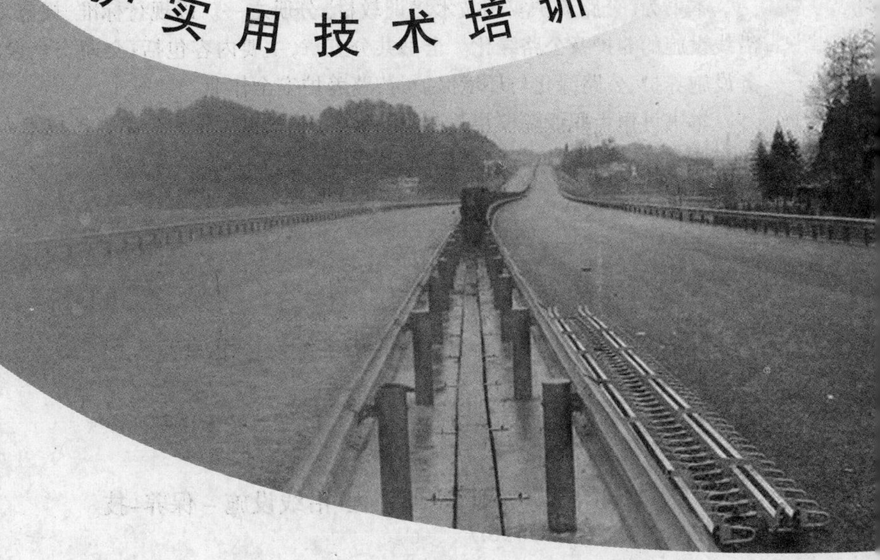

交通工程及沿线设施养护

Jiaotong Gongcheng Ji Yanxian Sheshi Yanghu

主　编　付清华
副主编　许　辉
主　审　李兴民

内 容 提 要

本书为《公路养护实用技术培训教材》分册之一。以现行标准、规范为基本依据，主要介绍公路交通工程沿线设施的养护及公路绿化。全书共分五章，主要内容包括：交通安全设施养护、交通机电设施维护、交通服务设施养护、公路绿化与环境保护、公路养护安全作业。

本书可作为职业院校相关专业的教学用书，也可作为公路养护技术人员和管理人员的培训教材。

图书在版编目（CIP）数据

交通工程及沿线设施养护/付清华主编. —北京：人民交通出版社，2009.8

公路养护实用技术培训教材

ISBN 978-7-114-07941-2

Ⅰ.交... Ⅱ.付... Ⅲ.交通工程-沿线设施-保养-技术培训-教材 Ⅳ.U418.7

中国版本图书馆 CIP 数据核字（2008）第 094688 号

书　　名：交通工程及沿线设施养护
著 作 者：付清华
责任编辑：袁　方
出版发行：人民交通出版社
地　　址：(100011) 北京市朝阳区安定门外外馆斜街 3 号
网　　址：http://www.ccpress.com.cn
销售电话：(010)59757969，59757973
总 经 销：北京中交盛世书刊有限公司
经　　销：各地新华书店
印　　刷：北京鑫正大印刷有限公司
开　　本：787 × 1092　1/16
印　　张：8
字　　数：192 千
版　　次：2009 年 8 月第 1 版
印　　次：2009 年 8 月第 1 次印刷
书　　号：ISBN 978-7-114-07941-2
印　　数：0001 – 3000 册
定　　价：20.00 元

《公路养护实用技术培训教材》
编 委 会

前　言

我国公路事业的迅猛发展，促使公路交通成为交通运输的主要形式之一，极大地推进了我国国民经济的快速发展。随着公路通车里程的增加、交通量的增长、车辆的大型化、严重超载以及公路随时间的推移出现的各种病害，致使公路在使用过程中面临着严峻的考验。针对上述情况，为了提高公路的通行能力、承载能力和快速反应能力，增强公路交通的安全性和舒适性，最大地发挥公路的经济效益和社会效益；同时也为了加强和规范公路养护管理工作，提高公路养护人员的技术素质，我们组织相关院校资深教师及企事业单位专家针对目前公路养护现状，在总结经验的基础上借鉴国内外公路养护与管理的新方法和新技术，精心编写了一套《公路养护实用技术培训教材》（共分四册），分别为：《公路路基与路面养护》、《公路桥涵与隧道养护》、《交通工程及沿线设施养护》和《公路养护机械使用与维护》。

本套教材详尽地介绍了公路养护的管理模式、养护技术及各种先进的养护机械设备结构、性能与运用技术。它具有以下特点：

一是以公路养护工程的小修保养为主，突出基本定义和概念、基本方法和工艺、基本标准和要求；注重反映公路养护的新技术、新工艺、新方法和新材料。

二是以部颁公路养护规范及规程为标准，紧扣公路养护施工实际，突出先进性、指导性、实用性和操作性。

三是教材以图代文、图文并茂，语言生动，通俗易懂。

四是以理论实践一体化的教学模式，突出技能教学，注重快速提高实际运用能力和操作能力。

该套教材的编写在校企联合开发教材方面做出了有益尝试，它既可作为职业院校相关专业的教学用书，又可作为公路养护技术人员和管理人员的培训教材。

《交通工程及沿线设施养护》是本套教材之一，主要介绍了公路交通工程及沿线设施的养护和公路绿化。本册共分五章（主要内容见“内容提要”），参加本册教材编写工作的有：甘肃交通职业技术学院付清华（编写第一章、第四章）；甘肃省公路局许辉（编写第二章）；甘肃交通职业技术学院徐世平（编写第三章、第五章）。本册教材由付清华担任主编，许辉担任副主编，甘肃省公路局李兴民担任主审。

限于编者的水平，书中疏漏与错误之处在所难免，恳请读者不吝赐教。

编委会

2009年6月

目　　录

第一章　交通安全设施养护

第一节　护栏养护

一、护栏的功能和机理

护栏的功能是能阻止车辆越出路外，能使车辆回复到正常行驶方向，具有良好的吸收碰撞能量的功能，诱导驾驶员的视线，增加行车的安全性和公路的美观。

护栏的防撞机理是通过护栏、车辆的弹、塑性变形、摩擦、车体变位来吸收车辆碰撞能量，从而达到保护乘客生命安全的目的。护栏与其他安全设施的显著区别是以护栏和车辆自身的破坏（变形）来防止更严重的伤害事故发生。

二、护栏的形式与构造

护栏是公路安全设施的重要组成部分，对防止行车事故起着重要作用。公路上使用的护栏，按路段可分为一般路段防撞护栏（图1-1）和桥梁护栏（图1-2）；按设置位置可分为路侧护栏和中央分隔带护栏。路侧护栏是设置在公路路肩上，目的是防止失控车辆越出路外，避免碰撞路边其他设施。中央分隔带护栏是设置于公路中央分隔带内，目的是防止车辆穿越中央分隔带闯入对向车道，并保护分隔带内的构造物。

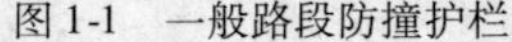
图1-1　一般路段防撞护栏

图1-2　桥梁护栏

护栏的形式按刚度的不同可分为半刚性护栏、刚性护栏和柔性护栏三种。

1. 半刚性护栏

半刚性护栏是一种连续的梁柱式护栏结构，具有一定的刚性和柔性，这是一种用支柱固定的梁式结构，依靠护栏的弯曲变形和张拉力来抵抗车辆的碰撞。梁式护栏按不同的结构可分为W形波形梁护栏、管梁护栏、箱梁护栏等。它们均具有一定的刚度和韧性，通过利用土基、立柱、横梁的变形吸收碰撞能量，并迫使失控车辆改变方向。其损坏部件容易更换，具有一定的视线诱导作用，而且外形美观。从国内外实际应用情况看，波形梁护栏的应用最广泛，通常波形梁护栏可根据波形梁数量的不同分为双波形梁护栏和三波形梁护栏。目前，我国公路上的大部分护栏为双波形梁护栏，只有在极少数特别危险地段设置了三波形梁护栏。

波形梁护栏由波形梁板、立柱、托架、防阻块、端头、紧固件和基础等组成，如图 1-3 所示。波形梁板是与失控车辆首先接触的构件，通过波形梁的传递，把碰撞力分散给多根立柱，通过立柱把力传给地基土。波形梁主要承受的是拉伸力，在碰撞车辆冲击作用下，波纹被展开，吸收能量。立柱用型钢制造，主要承受弯矩，起着重要的支撑作用，立柱强度受截面形状和面积的影响，其形式有圆形立柱、槽形立柱等。防阻块用各种型钢制造，固定在立柱和波形梁之间，使波形梁从立柱上悬置出来，车辆与护栏发生碰撞后，不会因为波形梁紧靠立柱，而使前轮在立柱处绊阻。防阻块是波形梁与立柱之间的承力构件，可以使碰撞力分配到更多跨结构上，从而使护栏受力更加均匀，增加护栏的整体强度。

图 1-3　波形梁护栏构造

波形梁护栏中护栏板、立柱、防阻块的材料是普通碳素结构钢，拼接螺栓的材料为 45 号钢、20TiB 钢，螺母为 35 号钢；垫圈为扁钢或带钢，连接螺栓为普通碳素钢。护栏的各部分构件均需进行防腐处理。波形梁护栏产品的检测项目有外观质量、几何形状及尺寸、钢板原材料性能和镀层质量四个部分，其安装后的质量检测主要以平纵线形、各种几何尺寸及强度性能等内容为主。

根据护栏的适用范围及防撞等级要求，波形梁护栏的分类见表 1-1。

波形梁护栏的分类　　表 1-1

安装位置		防撞等级	构造特征	埋置方式	立柱标准中心间距(m)	护栏代号
路侧		A	无防阻块	土中	4.0	Gr-A-E
			有防阻块			Grb-A-E
			无防阻块	混凝土中	4.0	Gr-A-B
			有防阻块			Grb-A-B
		S	无防阻块	土中	2.0	Gr-S-E
			有防阻块			Grb-S-E
			无防阻块	混凝土中	2.0	Gr-S-B
			有防阻块			Grb-S-B
中央分隔带	分设型	Am	无防阻块	土中	4.0	Gr-Am-E
			有防阻块			Grb-Am-E
			无防阻块	混凝土中	4.0	Gr-Am-B
			有防阻块			Grb-Am-B
		Sm	无防阻块	土中	2.0	Gr-Sm-E
			有防阻块			Grb-Sm-E
			无防阻块	混凝土中	2.0	Gr-Sm-B
			有防阻块			Grb-Sm-B
	组合型	Am	横隔梁	土中	4.0	Grd-Am-E
			横隔梁	混凝土中		Grd-Am-B
		Sm	横隔梁	土中	2.0	Grd-Sm-E
			横隔梁	混凝土中		Grd-Sm-B

2. 刚性护栏

刚性护栏是一种基本不变形的护栏结构。混凝土护栏是刚性护栏的主要形式，是一种具有一定断面形状的墙式护栏结构。当汽车与护栏碰撞时，在瞬间移动荷载作用下，护栏基本上不移动、不变形（完全刚性状态），碰撞过程中的能量主要是依靠汽车与护栏面接触并沿着护栏面爬高和转向来吸收，同时碰撞汽车也恢复到正常行驶方向。根据混凝土护栏的作用特点可以看出，混凝土护栏的截面形状和尺寸（高度、宽度等）直接影响碰撞作用效果，因此，截面形状和尺寸是决定混凝土护栏结构的重要因素。混凝土护栏的分类，见表 1-2。

混凝土护栏的分类 表 1-2

安装位置	防撞等级	构造特征	基础处理方式
中央分隔带	Am	基本型	嵌锁在基层中
			钢筋连接
		改进型	嵌锁在基层中
			钢筋连接
路侧	A	基本型	埋置在基层中
			与下面构造物连接

设置于中央分隔带的混凝土护栏，其基本构造形式见图 1-4，改进型构造的形式见图 1-5。

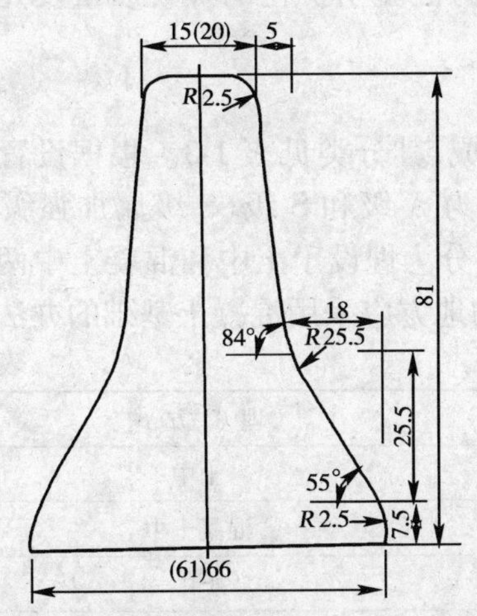

图 1-4 基本型混凝土护栏形式（尺寸单位：cm）

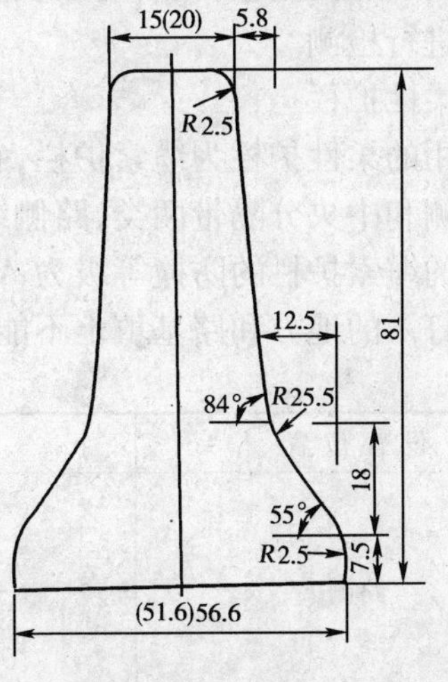

图 1-5 改进型混凝土护栏形式（尺寸单位：cm）

设置于路侧的混凝土护栏，其迎车行道一侧的断面与中央分隔带改进型或基本型混凝土护栏断面相同，外侧为直立断面。顶宽 20cm，底宽 43cm，护栏高 81cm。混凝土护栏与防眩设施设置时，应在护栏顶部预埋连接件，然后将防眩设施固定在中央分隔带的混凝土护栏顶部。中央分隔带内设置通信、供电管线时，可考虑采用分离式混凝土护栏。每节混凝土护栏的纵向长度应尽可能采用较长的尺寸，对于预制件，一般为 2～6m，对于就地浇筑的护栏，纵向长度应按横向缩缝要求确定，横缝间距一般采用 4～5m，最大不超过 6m。

中央分隔带混凝土护栏，根据吊装方式配置钢筋。路侧混凝土护栏应根据护栏的不同结构的受力情况，配置一定数量的纵、横向钢筋。每节护栏与相邻护栏之间的连接方式根据护栏制作方式的不同而不同。预制混凝土护栏采用纵向企口连接法和纵向传力钢筋连接法。企口连接是通过企槽相互咬住共同受力；传力连接是通过钢筋的插入传力。预制混凝土护栏的连接端面上预留不少于两个孔洞，传力钢筋直径应不小于 12mm，长度应不小于 20cm。对现浇的混凝土护栏，其纵向可按平接处理。

中央分隔带护栏靠自重放置在基础上，在汽车碰撞力的作用下，往往会被移位，严重时甚至会危及对向车道车辆的安全，因此护栏与基础必须按一定方式连接。规范中推荐了两种方法：一是混凝土护栏嵌锁在基础中。在混凝土基础的下面需做一层厚度不小于 20cm 的半刚性基层，在基层上面是一层厚度为 10 ~ 20cm 的混凝土，混凝土护栏埋置深度一般为 10 ~ 20cm，两侧的浇筑宽度不小于 10cm，厚度等于护栏埋置深度，混凝土不低于 C20；二是混凝土护栏通过传力钢筋与基础连接；传力钢筋错列在基层中，每根传力钢筋长度为 250mm，直径不小于 25mm，均埋置在混凝土块中，基层制作同嵌锁基础。在护栏底部，应留出与传力钢筋相对应的孔洞，其直径和深度能保证传力钢筋较容易地插入。在预制混凝土护栏吊装就位前，应先在基底上铺一层厚的水泥砂浆。路侧护栏的基础可采用两种方式：一是嵌锁方式，适用于有边坡的高填方路堤，混凝土护栏宜采用就地浇筑，基底宜加做一层厚度不小于 20cm 的半刚性基层，混凝土护栏拆模后宜采用石灰稳定土回填夯实；二是扩大基础方法，适用于高挡墙的危险路堤。护栏基础宜就地浇筑，并尽可能与下面的构造物连成整体，共同受力，扩大基础内部可视实际需要加配适当的受力钢筋。

混凝土护栏的材料采用水泥、砂石、水及钢筋。混凝土护栏模板是预制过程中不可缺少的重要工具，它直接影响预制混凝土的质量，需对钢模板尺寸及质量检查。混凝土基层质量直接影响到安装后的质量，应对基层质量按规范进行检测。对混凝土护栏的外观质量及几何尺寸等也须进行检测。

3. 柔性护栏

常用的柔性护栏为缆索护栏，它是由钢丝绳捻制而成，其分类见表 1-3。根据设置地点可分为路侧和中央分隔带两类，路侧缆索护栏的防撞等级为 A 级和 S 级（S 级属加强级），中央分隔带的缆索护栏的防撞等级为 Am 级。按埋设条件可分为埋设于土中和混凝土中两类。立柱无法打入的地方和路基填土不能保证立柱埋置深度的地方应采用混凝土基础的办法。

缆索护栏的分类 表 1-3

设置位置	防撞等级	埋置方式
路侧	A	土中
		混凝土中
	S	土中
		混凝土中
中央分隔带	Am	土中
		混凝土中

缆索采用具有较高强度的抗腐性能优良的镀锌右拧的构造。缆索护栏由端部立柱、中间端部立柱、中间立柱、托架、索端锚具、紧固件组成，要求其进行表面防腐处理，其构造见图1-6。路侧缆索护栏端部立柱是承受缆索张拉力和失控车辆碰撞力的主要结构，端部立柱由三角形支架、底板和混凝土基础组成。当缆索护栏的安装长度超过 200 ~ 300m 时，应采用端部结构。托架结构的作用在于固定缆索的位置及将缆索从立柱面横向悬出一定距离，防止碰撞车辆在立柱处受绊阻。

检测缆索护栏的质量应包括防腐性能、材料性能、几何尺寸及外观质量等方面内容。

三、护栏的性能及适用地点

设置护栏的最终目标是希望通过护栏的保护作用，防止事故造成严重后果。无论何种护

栏形式,其最重要的性能是安全性。其次要考虑护栏的美学及对驾驶员的心理影响,通过护栏的设置给公路使用者增加舒适感和安全感,能在视觉上自然地诱导驾驶员的视线,保持公路线形的连续性,并减少对危险路段产生的恐惧心理。为此,对护栏的性能要求如下。

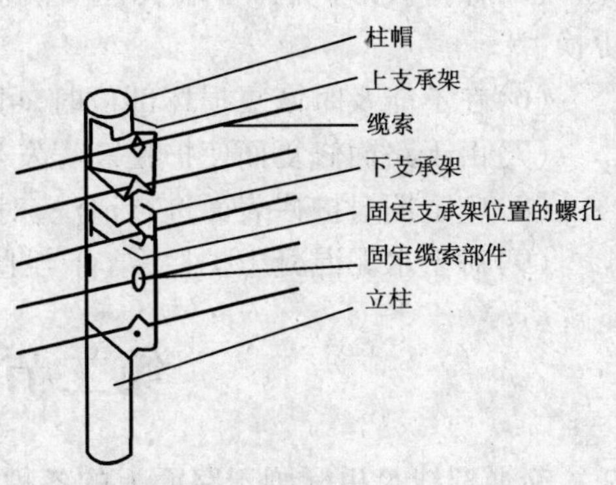

图 1-6 路侧缆索护栏结构

(1)结构适应性要求。防止车辆撞断、下穿或跃过护栏;防止车辆驶出路外或闯入对向车道,使碰撞车辆平顺地改变方向;防止护栏的部件在碰撞后穿入车内客舱或对其他交通构成危险。这就是护栏的强度要求。

(2)车内乘员的安全性要求。在碰撞期间和碰撞之后,车辆应保持原有姿态,碰撞时产生的减加速度不会让乘员受到伤害。当车辆碰撞护栏时,护栏应产生一定量的弹、塑性变形来吸收碰撞能量,减少车辆损坏,能延长碰撞过程的作用时间,以确保车内乘员的安全。

(3)车辆的轨迹要求。车辆碰撞护栏后,车辆以较小的驶离角回到原来的行驶方向,车辆的轨迹和最终停止位置不影响其他车道行驶的车辆。

(4)对行驶车辆具有视线诱导效果。每种形式的护栏具有其本身的特点和适用条件,各种护栏的适用地点见表 1-4。

各种护栏的适用地点 表 1-4

设置地点 护栏形式	小半径弯道	需要视线诱导的地方	要求美观的地方	冬天积雪处	窄中央分隔带	估计有不均匀沉降的路段	需要耐腐蚀的地方	长直线路段
波形梁护栏	★	★	○	○	○		○	○
管梁护栏	○		○	○			○	○
箱梁护栏			○	○	★		○	○
缆索护栏			★	★		★	○	★
混凝土护栏		○					★	○

注:★为最好的护栏形式;○为一般适用的护栏形式。

四、护栏的检查

除日常巡回时检查护栏有无异常情况外,还应每隔 2 ~3 个月进行定期检查,其内容包括:

(1)各类护栏的损坏、变形情况。

(2)立柱与水平构件的紧固情况。

(3)清洁、油漆损坏、反光膜缺损情况。

(4)拉索的松弛程度。

五、护栏的养护维修

(1)每半年对护栏连接部位的螺栓进行拧固,缺损螺栓应补齐。

(2)经常清除护栏周围的杂草、杂物等。

(3)护栏表面的油漆损坏,应及时修补,反光膜脱落,及时贴补。

(4)由于交通事故或自然灾害造成护栏缺损或变形,应及时修补或更换。

(5)保持波形护栏(含端头)立柱高低顺适、牢固美观,表面锈蚀严重的金属护栏应予以更换。

(6)在不能及时恢复损坏部位时,可采用应急材料临时修补。

(7)由于路面修复而使护栏高程发生显著变化时,应及时调整高程。

(8)应定期对护栏表面进行清洗,对油漆损坏严重的,应酌情重新涂漆一次。

(9)对于水泥混凝土护栏,结合当地实际情况酌情涂刷水泥浆。

第二节　交通标线养护

交通标线是由标画于路面上的各种线条、箭头、文字、立面标记、突起路标和轮廓标等构成的一种交通安全设施,它可与交通标志配合使用,也可单独使用。交通标线的主要作用如下:

(1)实行分道行驶,通过在公路上标画交通标线,实现人车分离,机动车和非机动车分离,快车和慢车分离,从而保证车辆、行人各行其道,提高公路通行能力和减少交通事故。

(2)渠化交叉路口的交通流;通过在平面交叉路口施画交通标线,引导不同类型、不同速度和不同方向的车流沿着划定的路线各行其道,以改善交叉路口通行条件,减少交通阻塞和交通事故。

(3)指示和预告驾驶员和行人通过标画的交通标线所规定的含义,可以预知公路情况,明确自己使用和通行公路的权利与方法,当其与交通标志或交通信号配合使用时,还能提高驾驶员的注意力。

(4)为守法者和执法者提供法律依据。交通标线是交通法规的重要组成部分,一方面车辆、行人应当遵守交通标线的规定;另一方面交通警察在纠正交通违章、处理交通事故时,应根据现场所画标线的内容,来分析违章性质或事故的责任。

一、交通标线分类

1. 按设置方式分

(1)纵向标线:沿公路行车方向设置的标线。

(2)横向标线:与公路行车方向成一定角度设置的标线。

(3)其他标线:字符标记或其他形式的标线。

2. 按功能分

(1)警告标线:促使驾驶员和行人了解公路上的特殊情况,提高警觉,准备防范应变措施的标线。

①纵向警告标线:包括车行道宽度渐变段标线、路面障碍物标线、近铁路平交道口标线。

②横向警告标线:包括减速标线、减速车道线。

③其他警告标线:包括立面标线的一种标线。

(2)指示标线:指示车行道、行车方向、路面边缘、人行道等设施的标线。

①纵向指示标线:包括双向两车公路面中心线、车行道分界线、车行道边缘线、左转弯待转区线、左转弯导向线。

②横向指示标线:包括人行横道线、距离确认线。

③其他指示标线:包括高速公路出入口标线(图1-7)、停车位标线、港湾或停靠站标线、收费岛标线、导向箭头、路面文字标记。

(3)禁止标线:告示公路交通的遵行、禁止、限制等特殊规定,车辆驾驶员及行人须严格遵

守的标线。

①纵向禁止标线：包括禁止超车线、禁止变换车道线、禁止路边停放线。

②横向禁止标线：包括停止线、停车让行线、减速让行线。

③其他禁止标线：包括非机动车禁驶区标线、导流线、网状线、专用车道线、禁止掉头线。

图 1-7　高速公路入口标线

二、交通标线的设置原则

1. 交通标线的颜色

传统标线的颜色为白色，因为白色比较醒目，尤其在沥青公路上的色度对比下，它的视认效果较好。近年来，许多国家在交通标线中使用了黄色，作为分隔限制公路上对向车流的相互跨越和干扰。黄色标线同时解决了原来标线的单调色彩，使驾驶员消除长途驾驶产生的疲劳，对交通安全十分有利。

2. 交通标线的宽度

驾驶员的行车视觉对纵向和横向交通标线的宽度有着不同的要求。根据国外对纵向交通标线的研究表明：其宽度对驾驶员的心理、生理指标没有影响。因此出于与公路协调的考虑，各国对交通标线的宽度取值一般为 10 ~ 15cm，最小值和最大值分别为 7.5cm 和 20cm。

横向交通标线宽度应比纵向交通标线宽，因为驾驶员在行车中发现横向交通标线往往是由远到近，尤其在横向交通标线比较远的时候视角范围很小，加上远小近大的原理，加宽横向交通标线是很有必要的，一般宽度为 20 ~ 40cm。

3. 交通标线虚线间隔的长度确定

根据心理学的研究，虚线的实线段与间隔长度的比例与行驶速度直接相关。实线段间隔距离太近，会造成闪现率过高而使虚线出现连续感，对驾驶员产生过分的刺激。但闪现率太低，使驾驶员在行驶过程中获得的信息太少，起不到标线的作用。实线段与间隔长度的尺寸受公路上行车速度的影响，在郊外公路间隔闪现率不大于 4 次/s 被认为是可以接受的，闪现率为 2.8 ~ 3.0 次/s 时效果最好。

4. 导向箭头的最佳形式确定

驾驶员在公路上行进时辨认路面上的导向箭头由于受到视线高度的限制，导向箭头平面形状应与观察距离成正比。所以，路面上的导向箭头与正常的箭头形状和大小有很大的不同。

经过认读实验，最好的箭头形式归纳如下：直行箭头的特征是箭头的宽约为箭杆宽的 4 倍，箭头的杆长要比箭杆的短，后掠式箭头和锥形箭头都是不好的；转弯导向箭头的特征在很大程度常由不对称的形式来显示方向，它由直行箭头转换而来；组合导向箭头的特征是保持导向箭头的转弯部分清晰。

三、交通标线的材料

路面标线涂料按施工温度可分为常温型（冷用）、加热型和熔融型三类。常温和加热（51 ~ 80℃）型属于溶剂型涂料，呈液态供应。加热型涂料固体成分略多一些，黏度也高。熔融型涂料呈粉末状供应，需加高温（180 ~ 220℃）使其熔解才可涂敷于路面，欧美国家把这种涂料称为热塑涂料。另外还有双组分涂料和水性涂料。路面标线的分类见表 1-5。

路面标线的分类

表 1-5

<table>
<tr><th>序 号</th><th colspan="3">分 类</th><th>施 工 条 件</th></tr>
<tr><td rowspan="3">1</td><td rowspan="3">标线涂料</td><td rowspan="2">溶剂型</td><td>常温涂料</td><td>常温施工</td></tr>
<tr><td>加热涂料</td><td>加热施工</td></tr>
<tr><td>熔融型</td><td>热熔涂料</td><td>熔融施工</td></tr>
<tr><td rowspan="3">2</td><td rowspan="3">贴附材料</td><td colspan="2">贴附成型标带</td><td>粘贴施工</td></tr>
<tr><td colspan="2">热熔成型标带</td><td>加热施工</td></tr>
<tr><td colspan="2">铝箔标带</td><td>粘贴施工</td></tr>
<tr><td rowspan="2">3</td><td rowspan="2">标线漆</td><td colspan="2">突起路标</td><td>粘贴或埋入施工</td></tr>
<tr><td colspan="2">分离器</td><td>螺栓固定施工</td></tr>
</table>

交通标线主要设于公路面层,经受日晒雨淋、风雪冰冻及车辆的冲击磨耗。因此,公路标线涂料的性能应当满足以下几方面的要求:

(1)鲜明的确认效果。不论是哪一类标线或哪一种颜色的涂料,都要求鲜明醒目,这样,可以给驾驶员和行人以良好的条件反射。如在高速公路上,车道两侧鲜明的标线可以帮助驾驶员自然平滑地行使,既可以保证行车安全,又可提高行车效率。

(2)夜间反光性能。现代的交通,不仅要求昼时效应,也注重夜间的效果。夜间反光标线可大大提高夜间行车的安全性,同时也可提高夜间行车的效率。

(3)施工时干燥迅速。由于公路涂料所应用的环境是不间断的交通流环境,因此要求公路涂料尽可能迅速干燥。根据公路涂料类型的不同,一般 3 ~ 15min 内要求实现通车。

(4)附着力强。为充分保证标线的完整和清晰,要求公路涂料与地面间具有较强附着性能。

(5)经久耐用。好的公路涂料应耐磨损、具有较长的使用寿命,这样才能保证标线在较长时间内完整清晰;同时,这样也可省去多次施工造成的人力、物力浪费,并减少对正常交通的阻碍和影响。

(6)耐候性好,抗污染,抗变色。这主要要求公路涂料能长期保持鲜明度,自然老化程度缓慢。

(7)施工便捷,安全性好。这一方面要求公路涂料在具体使用时容易操作;另一方面要求在具体施工时公路涂料比较安全稳定,发生危险和意外的可能性小。

(8)所涂标线安全防滑。

(9)经济合理。这要求公路涂料成本低,售价便宜。

公路标线漆系列产品性能见表 1-6。标线涂料的适用范围见表 1-7。

公路标线漆系列产品性能

表 1-6

<table>
<tr><th rowspan="2">产品名称</th><th rowspan="2">使 用 性 能</th><th colspan="2">每公斤漆理论涂布率(300m)</th><th colspan="2">施 工 性 能</th></tr>
<tr><th>标线(m^2)</th><th>15cm 宽标线长(m)</th><th>施工方法</th><th>稀释剂</th></tr>
<tr><td>护栏标志标线漆</td><td>颜色鲜明,快干好用,适用于护栏、隔离栅和车流最低于 4000 辆/h 的公路标线</td><td>2.2</td><td>14.7</td><td>手刷、滚涂和机喷</td><td>稀释剂 T002
用量:1L/30kg 漆</td></tr>
</table>

续上表

产品名称	使用性能	每公斤漆理论涂布率(300m)		施工性能	
		标线(m^2)	15cm宽标线长(m)	施工方法	稀释剂
氯化橡胶标线漆	色彩鲜明、快干耐用,适用于公路和机场画线	2.3	15	手刷、滚涂和机喷(喷涂压力800N以上)	稀释剂T002 (气温20℃以下用T003) 用量:0.5L/30kg
氯化橡胶低黏度标线漆	色彩鲜明、快干好用,供中低压喷涂机械用,适宜作中心分道线	2.1	14	适用于所有喷涂机械	稀释剂T002 用量:0.5L/30kg漆
氯化橡胶厚浆耐磨标线漆	色鲜快干,耐磨性强,可作繁忙路段的标线和人行横道线	2.0	13	手工刷涂或高压无空气喷涂(亦可加热至60℃喷涂)	
氯化橡胶反光标线漆	色鲜夜光,快干耐用,可用高速公路和危险路段的标线之用	2.1	14	手工涂刷或高压无空气喷涂(1200N压力)面撒6950	
氯化橡胶厚浆反光漆	反光性与耐久性能优异,可作高速公路标线用	1.8	12	手工涂刷、高压无空气喷涂(亦可加热至60℃喷涂)	
标线涂改漆	涂改力强,使用方便,可用于涂改旧氯化橡胶标线	2.1	14	刷涂:第一遍加T003约10%稀释2920,用刷来回多次刷在旧线上,能见渗白最好。干后再涂一遍不稀释的,保证漆膜300~400μm厚	
热熔标线涂料	色鲜夜光,速干耐用,可作高级公路、高速公路和繁忙路段的标线	0.5 (1mm厚)	3 (1mm厚)	使用专门的热熔施工机械熔料和刮涂,对旧沥青和水泥路面要先涂底漆1200~6999以加强黏结力,标线未干时撒上6950反光料	
反光材料	折射力强,坚硬耐磨,性能稳定	5.0	33	机械或手工撒布在未干硬的标线上	
底漆	黏结力强,快干好用,可用热熔标线涂料与路面的黏结剂	6.0 (100μm)厚	40 (100μm)厚	手刷或机喷于水泥或旧沥青路面上,干后可以涂布热熔标线	

标线涂料的适用范围 表1-7

公路分类	路面状况	路面标线的划分	温暖地带		寒冷地带	
			交通量大	交通量小	交通量大	交通量小
一般公路	一般路面	纵向标线	M	M.H	M.H	H
		横向线、文字记号	M	M	M	hI
	临时路面	纵向标线	C	C	C	C
	龟裂多的路面	纵向标线	H.C	H.C	H.C	H.C
	石路面、砖路面	纵向标线	C	C	C	C

续上表

公路分类	路面状况	路面标线的划分	温暖地带		寒冷地带	
			交通量大	交通量小	交通量大	交通量小
高速公路、一、二级公路	一般路面	纵向标线、横向线、文字记号	H. M	H	H	H
	未加防护的构造物	立面标记	C	C	C	C

四、公路标线养护维修

(1)路面标线的维修保养。

①标线影响辨认时,应结合日常检查进行清扫或冲洗;

②标线磨损严重,影响辨认时,应重新喷刷或加以修复;

③重新喷刷油漆时,应注意避免与原标线错位;

④路面进行局部修理,使路面标线局部缺损或被覆盖,可用人工方法进行修补或喷刷。

(2)公路标线漆使用中遇到的问题及处治方法,见表1-8。

公路标线漆使用中遇到的问题及处治办法 表1-8

情况	原因	处治方法
油漆太厚或轻度结块	储存过久,或运输、储放时温度过高或过低	可适当加入稀释剂,充分搅匀后使用,不会影响质量
白漆发黄	储存中颜料下沉所致	使用前充分搅匀
漆膜有气泡或针孔	①施工时路面温度高; ②路面打湿气; ③路面凹凸不平,有洞隙	避免在太热或不干燥的路面施工
漆膜遮盖力不够	①掺入溶剂太多; ②使用前未搅匀; ③喷、刷的漆膜太薄	搅匀后,重涂一次,保证膜厚
标线变黑	掺入溶剂太多、干燥慢,使沥青渗出	避免掺入过多溶剂,重涂一次
标线皱皮	漆膜太厚,在阳光暴晒下,因表面干而内部不干所造成	遇漆太稠,可适当加入溶剂,一次涂布湿膜不应超过300μm
漆膜龟裂	由于沥青路面裂纹所影响,与漆无关	处治路面裂纹后,再进行标线
附着力差	①新水泥路面碱性过强; ②新水泥路面本身在粉化; ③水泥路面太光滑; ④路面未清扫干净; ⑤路面有水汽或薄冰	施工前应彻底清扫路面碎沙浮泥,路面潮湿或有薄冰不宜施工
干燥时间过长	①施工气温太低; ②一次涂布漆膜过厚	①气温低于20℃请用稀释剂T003,气温低于10℃不太适宜施工; ②一次涂布漆膜不要超过300μm
反光漆效果不佳	①撒珠量不对; ②珠上浮或下沉	①控制珠量为漆重的10%~15%; ②漆膜开始干时再撒易使珠上浮; ③不要强行把珠压入漆中

(3)热熔标线涂料使用中的问题及处治方法,见表1-9。

热熔标线涂料使用中的问题及处治方法　　表1-9

现　象	产生的原因		处 治 方 法
标线大面积剥落	底漆	没有底漆	任何公路是否要用底漆都要先做试验
	黏结力不够	错用底漆	应用热熔涂料厂家指定的底漆
		底漆不够	遇到多孔的新水泥地面要多喷1~2遍底漆
标线局部剥落	地面不干净	地面有沙土、泥尘	将地面清扫干净
		地面有水汽	严禁在潮湿冰冻的地面施工
	热熔涂料温度不够	材料未熔至规定温度	①施工机械要配套齐全; ②要加强物料温度监测; ③热熔涂料要搅拌均匀才能使用
		地面温度过冷	①10℃以下不适宜施工; ②当地面温度较低时,热熔料要熔至温度上限(反之,气温高时熔至下限); ③涂布器应有挡风设施
	热熔涂料过热	无温度监测	施工设备不全不能使用
		搅拌不均匀	投料后至熔融,流出过程要坚持连续搅拌
标线上有砂眼	水气从标线面逸出	路面表干里不干	路面未干透不能施工
		底漆的熔剂气化	底漆未干不能施涂热熔料
	涂料中有硬团粒存在	材料或焦块划破标线面	加强物料的温度监测,要搅拌均匀
标线碎裂	标线自身破裂公路开裂所致	材料抗温变性差	应按当地气温选用合适的热熔涂料
		材料未熔混好	加强物料的熔化温度监测,要搅拌均匀
		材料被外力拉坏	与施工无关
标线过早磨损	材料性能下降	材料未熔混好	加强物料的熔化温度监测,要搅拌均匀
	情况与原设计不相符	标线厚度未达到	要严格控制标线厚度
		车流量骤增	与施工无关

第三节　交通标志养护

道路交通标志是用图形符号、颜色和文字向交通参与者传递特定信息,用以管理道路交通的安全设施。其一般设置在路旁或道路的上方,使交通参与者获得确切的道路交通情报,从而达到交通的安全、畅通、迅速、低公害和节约能源的目的。道路交通标志是道路使用的说明书,是道路的一种无声语言,是保证行车畅通、有序、安全的重要设施。同时,交通标志对道路设施有装饰作用和美化作用。道路交通标志是依据交通法规及国家有关标准制定的,是交通法规的具体体现,具有严肃的法律地位,同时还是处理交通事故和纠纷的法律依据。

一、交通标志的分类

根据《道路交通标志和标线》(GB 5768—1999),道路交通标志分为主标志和辅助标志两大类。

(1)主标志,就其含义不同分为以下六类。

①警告标志:警告车辆、行人注意道路前方危险的标志,计有30种、42个图式。其形状为顶角朝上的等边三角形,颜色为黄底、黑边、黑色图案;警告标志的内容大多与道路的几何线形、构造物有关,例如:道路交叉、急弯、陡坡、窄路、隧道、渡口、驼峰桥等;有的警告标志与道路沿线的环境有关,例如:行人、儿童、信号灯、村庄、牲畜等。

②禁令标志:禁止或限制车辆、行人某种交通行为的标志,计有36种、42个图式。其形状分为圆形或顶角朝下的等边三角形,其颜色多为白底、红圈、红杠、黑图案,图案压杠;禁令标志有对行驶路线的限制,如禁止驶入、禁止通行等;有对行驶方向的限制,如禁止左传、直行等;有对某种车辆行驶的限制,如禁止机动车通行,禁止大型客车通行等;有对某种驾驶行为的限制,如禁止超车、禁止掉头、禁止停车等;有对交叉口控制方式的规定,如停车让行标志,减速让行标志;有对行人的限制,如禁止行人通行等。

③指示标志:指示车辆、行人行进的标志,计有17种、29个图式。其形状分为圆形、长方形和正方形,其颜色为蓝底、白色图案。指示标志主要用来指示准许行驶的方向,如向左(右)转弯、靠右(左)侧道路行驶等;也可用来表示机动车道或非机动车道、步行街等。

④指路标志:传递道路前进方向、地点、距离信息的标志,按用途的不同又分为地名标志、著名地名标志、分界标志、方向、地点、距离标志,计59个图式。其形状除地点识别标志、里程碑、分合流标志外,为正方形和长方形,其颜色一般道路为蓝底白图案、高速公路为绿底白图案。指路标志的主要类别有:道路编号、方位标志;交叉口方向、地点标志;出口预告及出口标志;地点、方向、距离标志;收费站标志;服务区标志;情报标志;交通指示标志等。

⑤旅游区标志:提供旅游景点方向、距离的标志。旅游区标志分为指引标志、旅游符号两大类,共17个标志;旅游区标志的颜色为棕色底白色字符,指引标志,提供旅游区的名称、有代表性的图案及前往旅游区的方向和距离,设在高速公路出口附近及通往旅游区各连接道路的交叉口附近;旅游符号,提供旅游项目类别、具代表性的符号及前往各旅游景点的指引,如问询处标志、徒步标志、索道标志、野营地标志、骑马标志、钓鱼标志、高尔夫球标志等。

⑥道路施工安全标志:通告道路施工区通行的标志,道路施工安全标志共26个。其颜色多为红白相间、黄黑相间或蓝底、白字、黄黑图案,形状多样,如路栏、锥形交通路标、施工警告灯号、道口标柱、施工区标志、移动性施工标志等。

(2)辅助标志:附设在主标志下起辅助作用的标志。凡主标志无法完整表达或指示其规定时,为维护行车安全与交通畅通之需要,应设置辅助标志。辅助标志不能单独使用,按用途不同分为表示时间、车辆种类、区域与距离、警告与禁令及组合辅助理由等,其形状为长方形,其颜色为白底、黑字、黑边框。

二、交通标志设置的依据

交通标志要使交通参与者在很短的时间内就能看到、认识并完全明白它的含义,而采取正确的措施。因此,交通标志必须具有较高的显示性、良好的易读性和广泛的公认性。为了获得这样的效果,交通标志的设计应该从交通标志的颜色、形状和图符三个方面进行选择,这三个方面通常称为交通标志的三要素。

1. 颜色

从心理学角度讲,不同颜色对视觉的刺激会使人产生不同的心理感受。红色使人产生血

与火的联想,有危险感,常用于表示约束、禁令、停止之意,多用于禁令标志上;黄色比较醒目,能引起人们注意,有警戒警告之意,多用于警告标志上;蓝色具有沉静、安宁之意,多用于指示标志上;绿色具有恬静、和平之意,富有安全感,在交通中表示安全可通行;黑色和白色具有较好的对比度,多用于交通标志的底色、边框和图案颜色。

根据颜色的视觉规律,道路交通标志多用白、红、黄、蓝、绿、黑等颜色,不用中间色。不同颜色对人的视觉会产生不同的视认效果。研究表明,在相同视距情况下,黄色最为明显,其余依次是白、红、蓝、绿、黑。标志的视觉清晰度与它的颜色和背景的对比度也有很大关系,交通标志的颜色组合一般采用亮色与暗色搭配,以获得最佳的视认清晰度。

2. 形状

研究表明,外形面积相等的标志,三角形的辨认效果最好,其余依次是菱形、正方形、正五边形、圆形、正六角形、正八角形等。根据国际标准草案《安全色和安全标志》中关于几何图形的规定,正三角形表示警告,圆形表示禁止和限制,正方形和长方形表示提示。参考联合国以及很多国家的交通标志标准,除少数国家(如美国、日本、澳大利亚、加拿大、墨西哥等)的警告标志的形状为菱形外,极大多数国家的警告标志的形状为正三角形。

3. 图符

图符是文字、符号及图案的简称。研究表明,在困难的视觉条件下(如低亮度、快速显示等),图形符号信息无论是在辨认速度还是在辨认距离上均比文字信息要优越。用图形符号来表征信息的另一优点是不受语言、文字的限制,只要设计的图案形象、直观,不同国家、不同民族、不同语言文字的驾驶人员均可理解、认读。因此,以符号为主的标志受到联合国的推荐,并已被世界上极大多数国家采用。文字信息只在非常必要时才用,对某些道路条件复杂地段的标志,使用简洁文字能收到准确、迅速地反映标志内容的效果。在指示标志和指路标志中也使用简明易懂的文字。

三、交通标志的设置原则

交通标志的设置根据《道路交通标志和标线》(GB 5768—1999)和相关道路的路线设计为依据。交通标志的设置要遵循以下原则。

(1)交通标志以确保交通畅通和行车安全为目的。应结合道路线形、交通状况、沿线设施等情况,根据交通标志的不同种类来设置,以利于向道路使用者提供正确的、及时的信息。通过交通标志的引导,顺利、快捷地抵达目的地,不允许发生错向行驶。

(2)交通标志的设置应进行总体布局,防止出现信息不足或过载的现象。对于重要的信息应给予重复显示的机会。

(3)交通标志的设置应充分考虑道路使用者的行动特性,即充分考虑在动态条件下发现、判读标志及采取行动的时间和前置距离。

(4)交通标志应设在车辆行进正面方向最容易看见的地方,可根据具体情况设置在道路右侧、中央分隔带或车行道上方。

(5)同一地点需要设置两种以上标志时,可以安装在一根标志柱上,但最多不应超过四种。应避免出现互相矛盾的标志内容。解除限制速度标志、解除禁止超车标志、干路先行标志、停车让行标志、减速让行标志、会车先行标志、会车让行标志应单独设置。

(6)标志牌在一根支柱上并设时,应按警告、禁令、指示的顺序,先上后下,先左后右进行排列。

(7)路侧式标志应尽量减少标志板面对驾驶员的眩光。在装设时,应尽可能与道路中线垂直或成一定角度:禁令和指示标志为0°~45°;指路和警告标志为0°~10°。

四、道路交通标志的支持方式

道路交通标志的支持方式一般有柱式(分单柱式、双柱式)、悬臂式、门式、附着式四种。

(1)柱式标志,就是标志牌安装在立柱上的标志。柱式标志不应侵入公路建筑限界以内,标志内边缘距路面或土路肩边缘不得小于25cm,标志牌下缘距路面的高度为100~250cm。柱式标志分为单柱式和双柱式,单柱式就是标志牌安装在一根立柱上的标志,见图1-8a),适用于中、小型尺寸的警告、禁令、指示等标志;双柱式就是标志牌安装在两根立柱上的标志,见图1-8b),适用于长方形的指示标志或指路标志。

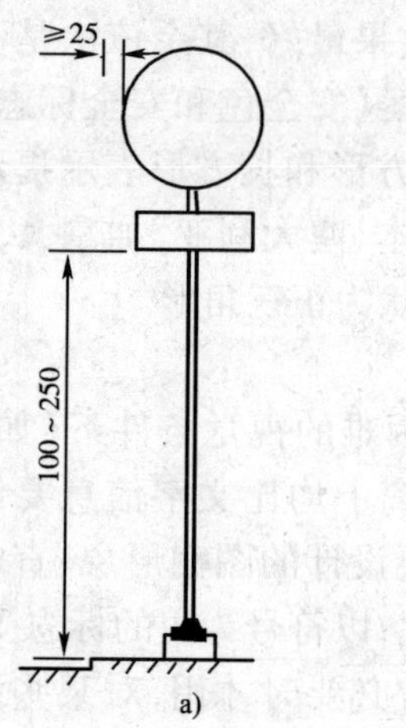

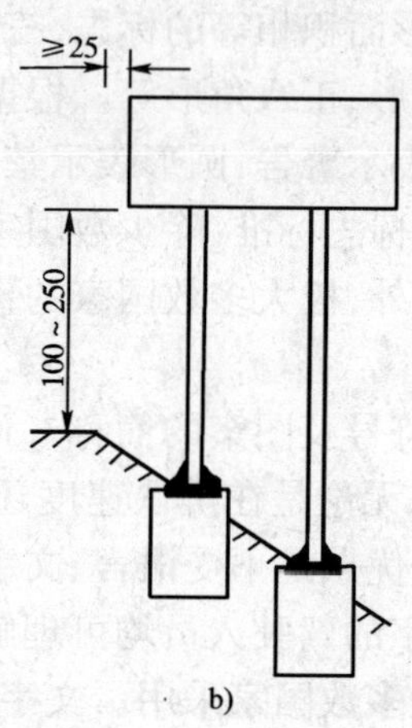

图1-8　柱式交通标志(尺寸单位:cm)

(2)悬臂式标志,就是标志牌安装在悬臂上的标志,见图1-9。标志下缘离地面的高度至少按该道路规定的净空高度设置。悬臂式适用于:柱式安装有困难时;道路较宽、交通量较大、外侧车道大型车辆阻挡内侧车道小型车辆视线时;视距受限制时;景观上有要求时。

(3)门式标志,就是标志牌安装在门架上的标志,见图1-10。标志下缘距离路面的高度至少按该道路规定的净空高度设置。门式标志适用于:多车道道路(同向三车道以上)需要分别指示各车道去向时;道路较宽、交通量较大、外侧车道大型车辆阻挡内侧车道小型车辆视线时;互通式立交间隔距离较近、标志设置密集之处;受空间限制,柱式、悬臂式安装有困难时;车道变换频繁,出口匝道为多车道者;景观上有要求时。

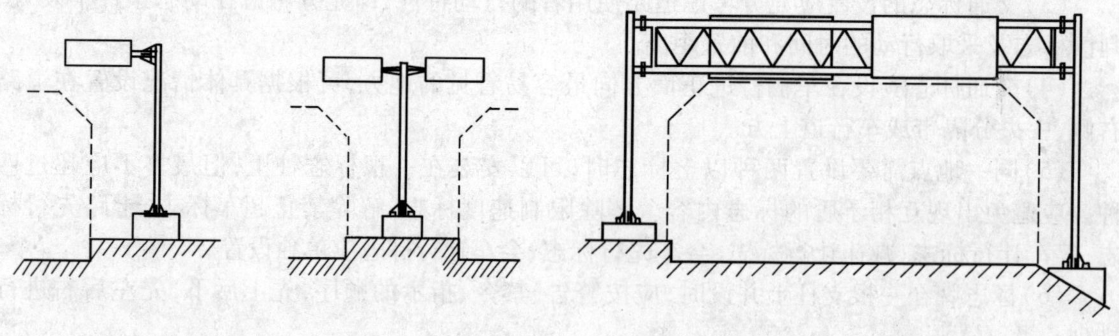

图1-9　悬臂式交通标志

图1-10　门式交通标志

(4)附着式标志，就是标志牌安装在上跨桥和附近结构物上的标志。

五、交通标志构造与材料

道路交通标志一般由标志底板、标志面、立柱、紧固件、基础等几部分组成。结构标志板的材料可用钢板、铝合金板、合成树脂类板材，标志板的厚度可参照表1-10。

标志板的厚度　　表1-10

标志名称	钢　板	铝　板	合成树脂板
警告标志	1.2	1.5	3
	1.6,2.0	2.0	4
禁令标志	1.2	1.5	3
	1.6,2.0	2.0	4
指示标志	1.2	1.5	3
	1.6,2.0	2.0	4
指路标志	1.2	1.5	3
	1.6,2.0	2.0	4
辅助标志	1.2	1.5	3

交通标志立柱、横梁可选用角钢、槽钢、型钢、钢管等材料制作，大型门架式标志多采用铝合金结构或钢结构。另外立柱的埋设部分要做防腐及防锈处理。

在夜间及自然照明低的情况下，要提高对标志的视认性，需考虑标志的照明或采用反光材料及发光措施，以增加标志的亮度，显示标志的内容，保证在白天及夜间均能发挥标志的作用。高速公路标志牌均采用反光标志，根据反光膜的不同结构可分为初级、工程级、高强级及钻石级四种，高速公路的标志牌主要采用工程级、高强级及钻石级。

可变信息标志是一种因交通、公路、气候等状况的变化而改变显示内容的标志。一般可用作限速、车道控制、公路状况、气象状况及其他内容的显示。可变信息标志的显示有多种，如：高亮度发光二极管、灯泡矩阵、磁翻板、字幕式、光纤式等。可变信息标志的板面应进行专门设计，其图案、文字应符合有关规定。

六、公路交通标志的检查

公路交通标志的检查，除在日常巡回时检查其是否受到沿线树木等遮挡以及标志牌、支柱是否受到损伤外，一般还要定期检查，遇有暴风雨、洪水、地震、交通事故等，还应进行临时检查，检查内容包括下列内容：

(1)公路标志牌、支柱变形、损坏、污秽及腐蚀情况。

(2)油漆及反光材料的褪色、剥落情况。

(3)标志牌设置的角度及安装情况。

(4)照明装置情况。

(5)基础或底座情况。

(6)反光标志的反射情况。

(7)缺失情况。

七、公路交通标志的养护与维修

(1)交通标志有污秽或贴有广告等时，应尽快进行清洗。清洗的方法为：先用清水喷洒标志表面，再用清洁液、软毛刷、抹布等刷洗，再用清水冲洗干净，特别注意在使用清洁液或工具时，不可擦伤标志板面（使用清洁液应先取小面积试验后，再决定用何种材料、清洁剂为宜，清洁剂的选择应注意无磨损性、无强酸、强碱之特性，pH 值在 6～8 之间，不可用苯类、醇类之芳香族溶剂）。去除标志面上的沥青、油质、柴油污点或其他杂质时，可用抹布浸湿煤油、矿物精、戊烷或石油擦拭后，再用洗洁剂及清水冲洗。标志面清洗完成后，再进行反光性能测试。

（2）交通标志如有树木遮蔽时，应及时修剪树枝和杂草，或在规定范围内及时变更设置位置。

（3）对于支柱倾斜、变形及损坏情况应及时修复。

（4）破损严重、缺失、反光膜效果不好，应及时更换或补充。反光膜有轻微损坏时，应选用相同材质的反光膜覆盖修补。

（5）结合当地实际情况，对立柱应周期性刷漆一次，油漆应选择防腐性、耐候性和装饰性好的油漆。

（6）对于基础或底座有损坏时，应及时修补恢复，如无法恢复时，宜在原处附近重新设置基础或底座。

（7）连接紧固件如有缺失、损坏要及时进行更换和补充。

（8）部分路段由于路面多次维修、罩面；路面高程有所提高，致使某些标牌的净空已不能满足路上行驶车辆的要求时，应及时调整标志牌高度，具体操作如下：

①升高部件的制造采用与原标牌立柱直径相同的无缝钢管和相适应的法兰盘、筋板焊接而成，表面进行防腐处理。

②吊装原立柱：连接件加松动剂；用吊车拴住立柱，然后拧松连接螺母，吊出立柱；对原基础和地脚螺栓进行必要的处理（如除锈、防腐等）；将制作好的升高部件安装到位，拧紧地脚螺栓并调平上表面；对原立柱进行清理后吊装到位，调正立柱，拧紧连接螺栓。

第四节　其他安全设施养护

其他安全设施包括防眩设施、隔离封闭设施和视线诱导设施等。这些设施对保障公路交通安全，提高运输效益起到了良好的作用。

一、防眩设施

防眩设施是指设置在道路中央分隔带上用于消除汽车前照灯夜间眩光影响的道路交通安全设施，一般在以下地段设置：

（1）夜间交通量大，大型车混入率较高的路段。

（2）平曲线半径小于最小半径路段。

（3）设置竖曲线对驾驶员有严重眩目影响的路段。

（4）从互通立交、服务区、停车场的匝道或连接道进入主干线时，对驾驶员有严重眩目影响的路段。

（5）无照明的大桥、高架桥上。

（6）长直线路段。

（7）地形起伏变化较大的路段。

通过防眩设施的设置可以降低交通事故的发生频率，提高行车安全性。

1. 防眩设施构造

防眩设施按构造可分为防眩板、防眩网、植树(间距型、密集型)三类。各种防眩设施的综合性能比较见表1-11。根据三种构造物在高速公路或一级公路上的使用效果以及综合评判，认为防眩板的防眩效果最好，且目前大多数设置防眩设施的公路以设置防眩板为主。

不同防眩设施的综合性能比较　　表1-11

特　点	植树(灌木)		防眩板	防眩网
	密集型	间距型		
美观	好		好	较差
对驾驶员心理影响	小	大	小	较小
对风阻力	大		小	大
自然景观配合	好		好	不好
防眩效果	较好		好	较差
经济性	差	好	好	较差
施工难易	较难		易	难
养护工作量	大		小	小
横向通视	差	较好	好	好
阻止行人穿越	较好	差	较好	好
景观效果	好		好	差

就防眩板的设置方式来说，主要有三种情况：防眩板单独设置、防眩板设置在波形梁护栏的横梁上、防眩板设置在混凝土护栏上，如图1-11。防眩板既要能有效地遮挡对向车辆前照灯的眩光，也应能满足横向通视良好，能看到斜前方，并满足对驾驶员心理影响小的要求；如采用完全遮光，反而缩小了驾驶员的视野，影响巡逻管理车辆对对向车道的通视，且对行车驾驶员有压迫感。同时，无论白天或黑夜，对向车道的交通情况是行车的重要参照系，其中很重要的一点是驾驶员在夜间能通过对向车前照灯的光线判断两车的纵向距离，使其注意调整行驶状态。所以，防眩板不必把对向车灯的光线全部遮挡住，而采用部分遮光的原理，允许部分车灯光穿过防眩板，当然透光量不应使驾驶员感到不舒适。由此可知，有防眩板构造的地方，要求防眩板有一定的遮光角、防眩高度、板宽和间距。在中央分隔带上连续设置一定间距、一定高度、一定宽度的防眩板后，与前照灯主光轴成一定水平夹角(遮光角)的光线照射在防眩板上时，它刚好被相邻两块板条所阻挡，因而起到了防眩的目的。

图1-11　防眩板

2. 防眩设施的检查

(1)在日常检查基础上还应检查设施有无歪斜、缺失、损坏、变形。

(2)有无油漆剥落、锈蚀。

(3)对于绿色植物防眩带，应注意枝叶是否遮掩了标志牌，有无虫害等。

3. 防眩设施养护维修

(1)及时修理、更换、损坏、变形的防眩设施，对于缺失的要及时补充。

(2)对于钢质防眩设施应结合当地实际情况酌情油漆一遍。

(3)对于绿色植物防眩设施应注意剪枝,除虫,施肥。

二、隔离封闭设施

隔离封闭设施是防止人和动物随意进入或横穿汽车专用公路,防止非法占用公路用地的人工构造物。隔离封闭设施可有效地排除横向干扰,避免由此产生的交通延误或交通事故,从而保障高速公路、一级公路快速、舒适、安全的运行特性。

隔离封闭设施包括设置于公路路基两则用地界线边缘上的隔离栅(图1-12)和设置于上跨公路主线的分离式立交桥或人行天桥两侧的防护网。

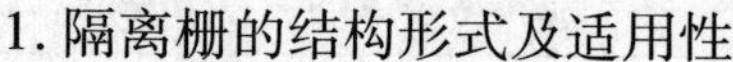

1.隔离栅的结构形式及适用性

(1)结构形式

图1-12　用于隔离设施的金属网

隔离栅有金属网型、刺铁丝和常青绿篱三大类。常青绿篱在南方地区与刺铁丝隔离栅配合作用,具有降噪、美化路容和节约投资的功效。金属网隔离栅按网面材料的不同又可进一步分为电焊网、钢板网、编织网等形式,见表1-12。

隔离栅的分类及构造　　表1-12

类型		埋设条件	支撑结构
金属网	电焊网	混凝土基础或直埋土中	钢支柱
	钢板网		
	纺织网		
刺铁丝		混凝土基础或直埋土中	钢筋混凝土支柱,钢支柱或烧制圆木
常青绿篱		土中	

(2)结构形式的适用性

隔离栅的形式选择必须考虑其性能、造价、美观、与公路周围环境的协调、施工条件及养护维修等因素,并应与公路的设计标准相适应。

①金属网型。金属网隔离栅是一种结构合理、美观大方的结构形式,但单位造价较高,故主要适用于:城镇及城镇郊区人烟稠密的路段和城市快速干道的两侧;风景区、旅游区、名胜古迹等美观性要求较高的路段两侧;互通立交、服务区和通道的两侧;编织网型比较适宜于地势起伏不平的路段,而钢板网和电焊网型适用于地势平坦路段。

②刺钢丝型。刺钢丝隔离栅是一种比较经济适用的结构形式,但美观性较差,故主要适用于:人烟稀少的路段,山岭地区的公路;郊外的公路保留用地;郊外高架构造物下面;路线跨越沟渠而需封闭的地方。

③其他。在互通立交区域、服务区、停车区、收费站、管理(局)所等处设置刺钢丝隔离栅的路段,隔离栅的设置宜与绿化相配合,选择合适的小乔木或灌木,在管辖地界范围形成绿篱,以有效地增强该区域的景观。

2.隔离栅设置原则

(1)为保证公路高速、舒适、安全、经济的运行,防止横向干扰、减少延误,高速公路和其他

等级的认为有必要的路段，尤其是高速公路沿线两侧原则上均应设置隔离栅。

(2)高速公路、一级公路凡符合下列条件之一的路段，可不设隔离栅：

①公路路侧紧靠河流、水渠、池塘、湖泊等天然屏障，认为将来不用担心有人、畜进入或非法侵占公路用地的路段；

②公路路侧有高度大于1.5m的挡土墙或砌石陡坎，人、畜难以进入的路段；

③桥梁、隧道等构造物的两侧，除桥头或洞口需与路基上隔离栅连接封死外的路段。

(3)隔离栅一般沿公路用地界线以内20～50cm处设置。

(4)隔离栅在遇桥梁、通道时，应朝桥头锥坡或端墙方向围死，不应留有让人、畜可以钻入的空隙。

(5)隔离栅与涵洞相交时，如沟渠较窄，隔离栅可直接跨过。

(6)由于地形的原因，隔离栅前后不能连续设置时，就以该处作为隔离栅的端部，并处理好端头的围封。

(7)在地形起伏较大，隔离栅不易施工的路段，可根据需要把隔离栅设计成阶梯的形式。

(8)隔离栅宜根据管理养护的需要在适当地点设置开口。凡开口处均应设门，以便控制出入。

隔离栅的高度主要以成人高度为参考标准，其取值范围在1.50～2.10m之间。在城市及其郊区人口密度较大的路段，应取上限，并且根据实际需要，可从高度和结构设计上做到使人无法攀越的程度，而在人迹稀少的路段，山岭地区和公路保留用地，隔离栅的高度值可取下限。隔离栅支柱的截面尺寸可参照表1-13的要求确定。

支柱截面要求　　表1-13

支柱类型	截面要求	支柱类型	截面要求
钢支柱	截面积≥3.3cm^2	钢筋混凝土支柱	截面积>8cm×8cm

钢支柱一般采用冷弯型钢或钢管。

隔离栅网孔尺寸的大小要考虑：不利于人攀越；整个结构的配合要求；网面的强度（绷紧程度）。

刺铁丝的规格用铁丝直径（线号）×刺间距来表示，常选用的刺铁丝主要是12×100或12×125。上下两道刺铁丝的间距不得大于25cm，一般以15～20cm为宜。

3. 隔离栅的检查

除日常巡回检查外，每季度还应进行一次定期检查，检查内容包括：隔离栅损坏、变形情况；污秽程度；油漆损坏及锈蚀情况。

4. 隔离栅的养护维修

隔离栅的养护维修包括：保持隔离栅的线形美观、平顺；定期清洗，对污秽严重的部位，应及时、重点清刷；每2～4年重新刷漆一次；对于锈蚀、松动、歪倒、缺口及损坏部分，应及时修复或更换。

三、分隔带

1. 分隔带作用

中央分隔带是高速公路和一级公路上设置的分隔双向行驶车辆的交通安全设施。分隔带是城镇附近混合交通较多的路段设置的分隔行车道的设施，它们也起着引导驾驶员视线的作用。如图1-13所示。

2. 分隔带检查

(1)中央分隔带或分隔带的排水通道是否阻塞。

(2)路缘石的变形、损坏情况。

(3)中央分隔带之间活动护栏的清洁、反光膜缺失以及损坏、变形情况。

3. 分隔带养护维修

(1)排水通道阻塞应及时疏通。

(2)清除中央分隔带或分隔带内的杂物、杂草。

(3)修复、更换、变形、损坏的路缘石。

(4)活动护栏的养护维修与护栏相同。

图1-13 某高速公路的中央分隔带

四、视线诱导设施

驾驶员为了安全地驾驶汽车,应能判断计算视距以外的方向。行车时,驾驶员的视线在汽车前方,以路沿地带、具有良好识别线的公路表面与平行于车行边的各种线(路缘或路面边线,路旁整齐的树木、护栏和视线诱导设施)来判定公路的行进方向。特别是在夜间雨大、雾大、路上有积雪等不良气候条件时,驾驶员对视线诱导设施的需求就更为迫切。

1. 视线诱导设施的分类

视线诱导设施按功能可分为轮廓标、分流、合流诱导标、指示和警告性线形诱导标、突起路标四类。轮廓标以指示道路线形轮廓为主要目的;分流、合流诱导标以指示交通流分流、合流为主要目的;线形诱导标以指示或警告改变行驶方向为主要目的;突起路标以辅助和加强标线作用,保证行车安全,提高道路服务质量为主要目标。它们以不同侧重点来诱导驾驶员视线,使行车更趋安全、舒适。视线诱导设施的一般分类见表1-14。

视线诱导设施的一般分类 表1-14

类别		埋设条件	代号
轮廓标		土中	V_G-D_e-E
		附着	V_G-D_e-A_t
分流、合流诱导标	分流诱导标	土中	V_G-D_v-E
		附着	V_G-D_v-A_t
	合流诱导标	土中	V_G-C_e-E
		附着	V_G-C_e-A_t
线形诱导标	指示线形诱导标	土中	V_G-G_{ca}-E
		附着	V_G-G_{ca}-A_t
	警告线形诱导标	土中	V_G-W_{ca}-E
		附着	V_G-W_{ca}-A_t
突起路标	反光突起路标(A类)		
	不反光突起路标(B类)		

注:表中V_G表示视线诱导设施,D_e表示轮廓标,D_v表示分流诱导标,C_v表示合流诱导标,C_{ca}表示指示性线形诱导标,W_{ca}表示警告性线形诱导标,E表示设置于土中,A_t表示附着于构造物上。

2. 视线诱导设施的构造

(1)轮廓标的构造

轮廓标是设置于道路边缘的设施，其构造与路边构造物情况有关。当路边无构造物时，轮廓标为柱体，独立设置于路边土路肩中。当路边有护栏、桥梁栏杆、侧墙等构造物时，轮廓标就附着于构造物的适当位置上。

设置于土中的轮廓标，主体结构为三角形断面立柱，由柱体、反射器和混凝土基础等部分组成。柱体为空心圆角的三角形截面，顶面斜向车行道，柱身为白色，在柱体上部有 25cm 长的一圈黑色标记，黑色标记的中间镶嵌一块 18cm × 4cm 的反射器。反射器分白色和黄色两种，白色反光片安装于道路右侧，黄色反光片安装于道路左侧或中央分隔带上。反射器采用有机玻璃类(聚甲基丙烯酸甲树脂等)材料制造，利用光学垂直反射原理，把很多个互成直角的三面反射体组合在一起，它由高精度、低粗糙度的模具，高透光率的原料制成。轮廓标的基础采用混凝土基础，当轮廓标被碰撞损坏时，为了更换方便，柱与基础连接可以采用装配式。其设置于土中的轮廓标构造如图 1-14 所示。

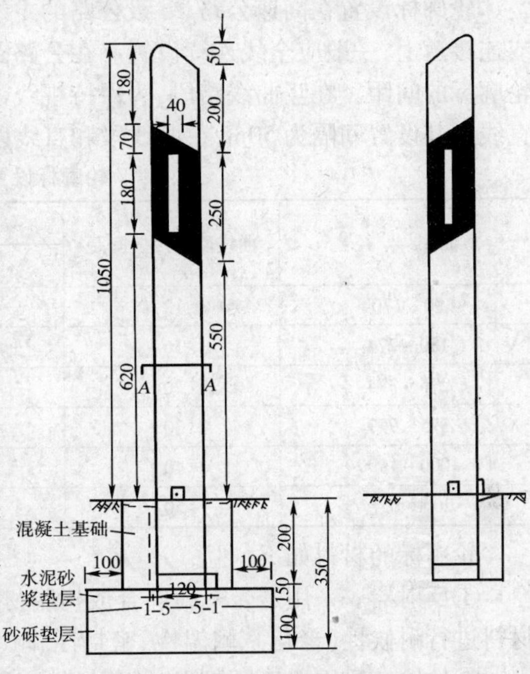

图 1-14 设置于土中的轮廓标构造(尺寸单位:mm)

附着在各类建筑物上的轮廓标，有的附着在各种护栏上，如波形梁护栏、混凝土护栏、缆索护栏；也有的附着在隧道、挡墙、桥墩、台侧墙等建筑物上。由于所附着的建筑物部位不同，可采用不同形状的轮廓标，如安装在波形梁护栏中间的槽中时，就要采用梯形，这是由波形梁护栏形状所决定的，这样给施工带来极大的方便，直接用螺栓把波形梁、立柱、轮廓标连接起来即可。附着于波形梁护栏中间槽内的构造形式，如图 1-15、图 1-16 所示。

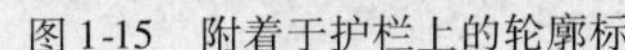

图 1-15 附着于护栏上的轮廓标

图 1-16 附着于路面上的轮廓标

附着在其他各类侧墙上的轮廓标形状可用圆形、长方形或者梯形，一般附件可与侧墙连接。附着在缆索护栏上时，可以采用夹具直接把轮廓标固定在缆索上，这种护栏上轮廓标一般采用圆形或梯形。在中央分隔带可采用两面反射的结构。

在经常有雾、风、沙、阴雨、雪、暴雨等地区，可采用较大的反射器，并将轮廓标安装于波形梁护栏的立柱上。这种轮廓标分为单面反射（A 型）和双面反射（B 型）两种，B 型适用于需要为对向车道提供视线诱导的场合（如中央分隔带）。也可将圆形反射器安装在波形护栏板的上缘，通过专门加工的支架把轮廓标固定在波形梁上。

轮廓标设置在高速公路、一级公路的主线上，以及互通立交、服务区、停车场等的进出匝道或连接道上，一般应全线连续设置。在公路路基宽度、车行道数量有变化的路段，应适当加密轮廓标的间距。在竖曲线路段，为保持视线诱导的连续性，可对轮廓标的间距做适当调整，在直线段其设置间隔为 50m，在曲线段和直线段与曲线段的设置间距见表 1-15。

轮廓标设置间距（单位：m）　　表 1-15

曲线半径	曲线段内设置间距	曲线段前后的设置间距		
		A	B	C
90 ~ 170	12	15	26	48
180 ~ 274	16	18	30	50
275 ~ 374	20	27	45	50
375 ~ 999	30	36	50	50
1000 ~ 1999	40	45	50	50
2000 以上	50	50	50	50

轮廓标的材料如下：

①反射器。采用透光率高的合成树脂材料。并应根据设置地点的气候条件、环境状况对材料进行耐候性（老化）、耐温性、密封性、耐腐蚀性、耐冲击性试验。

②柱体。采用聚乙烯树脂、氯乙烯树脂等强度高、耐候性、耐湿性、耐腐蚀性好，加工成型方便的材料。

③附着式轮廓标后底板。可采用铝合金板或钢板制造，也可用聚乙烯树脂、丙烯腈一丁二烯一苯乙烯树脂，玻璃纤维增强塑料、聚碳酸酯树脂等。铝合金板应符合 GB 3193 的规定，钢板或带钢应符合 GB 2517 的规定。

④安装夹具。宜采用铝合金、钢材、钢管制造。

⑤混凝土基础。基础所需的水泥、砂石等材料应符合现行《公路钢筋混凝土及预应力混凝土桥涵设计规范》（JTG D62—2004）的有关规定。

防锈处理措施如下：

①凡用钢材制造的部件，如底板、夹具、钢管、紧固件等钢材部件，可采用热浸镀锌进行金属防腐处理。底板、夹具、钢管的镀锌量为 550 ~ 600g/m^2，紧固件的镀锌量为 350g/m^2。螺栓、螺母在热浸镀锌后，必须清理螺纹或离心分离处理。

②不同材质的金属构件互相接触时，应采用非金属套、垫或保护层使两者隔离。

路边线轮廓标的维修保养如下：

①反光色块剥落时，应及时补贴；

②清除标柱立面污秽和遮挡轮廓标的杂草、树木和物体；

③油漆剥落的，应重新涂刷；

④标柱倾斜或松动的应予以扶正，变形、损坏的应尽快加以修复；

⑤丢失轮廓标的部位应及时补充。

（2）分、合流诱导标的构造

分、合流诱导标是以反射器制作符号粘贴在底板上的标志。汽车在公路上行驶，在分、合流诱导标的诱导下，无论是白天还是黑夜，驾驶员可以非常清楚地辨别交通的分、合流情况。除反射器外，其他材料可参照标志材料的技术要求选用。

分、合流诱导标，分为设置于土中和附着于护栏立柱上两种。设置于土中的分、合流诱导标由反射器、底板、立柱、连接件和基础等组成，其构造形式如图 1-17 所示。

附着于护栏立柱上的分、合流诱导标，其构造形式如图 1-18 所示。反射器、底板与埋置于土中的相同，立柱则附设在护栏立柱上。

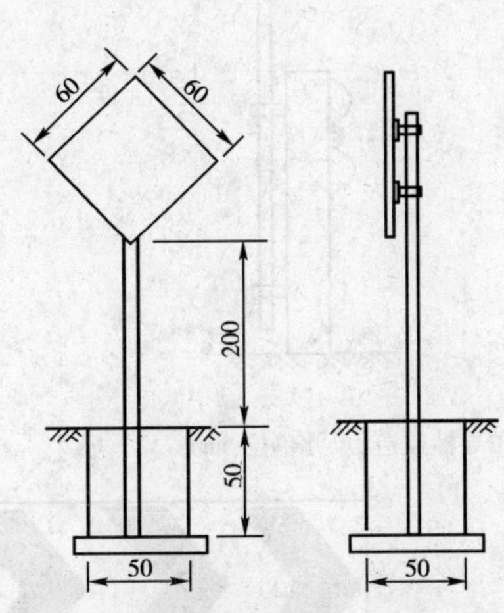

图 1-17　分、合流诱导标构造（尺寸单位：cm）

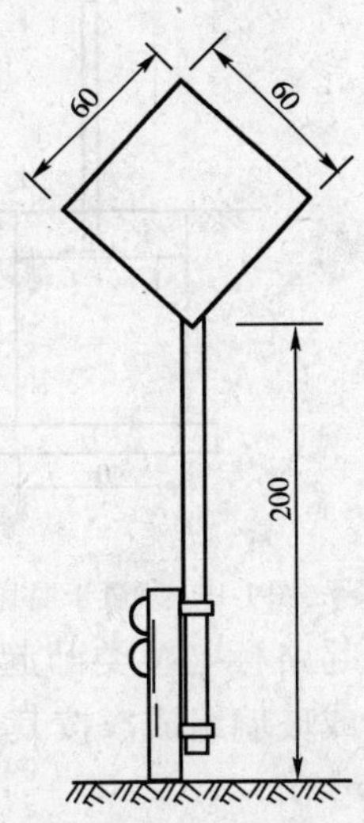

图 1-18　附着于护栏上的分、合流诱导标（尺寸单位：cm）

分、合流诱导标的颜色规定为：高速公路诱导标的底色为绿色，其他公路为蓝色，诱导标的符号均为白色。分、合流诱导标原则上应在互通式立交的进、出口匝道附近，有交通分、合流的地方设置。分流诱导标设在分流端部前方适当地点；合流诱导标设在合流端部前方适当地点。

（3）线形诱导标的构造

线形诱导标按埋设条件可以分为立柱埋于混凝土基础中和附着在护栏上两种形式。其构造形式如图 1-19 所示。

线形诱导标可分为指示性线形诱导标和警告性线形诱导标。指示性线形诱导标一般在曲线半径较小或通视较差、对行车安全不利的曲线外侧处设置；警告性线形诱导标一般应设置在道路中局部施工或维修作业等需临时改变行车方向的路段。其形式和分、合流诱导标一样，除附着式反射器外，其余与标志制作、连接方法相同。

线形诱导标可以单独使用一个基本单元，也可以几个基本单元组合起来使用，组合形式如图 1-20 所示。线形诱导标的颜色规定为：指示性线形诱导标为蓝底白图案，警告性线形诱导标为红底白图案。

（4）凸起路标的构造

凸起路标是固定于路面上的凸起标记块，可起辅助和加强标线作用。凸起路标可设置在高速公路、一级公路、二级公路和照明亮度不足的城市道路上，用来标记中心线、车道分界线、边缘线；也可用来标记弯道、进出口匝道、导流标线、车行道变窄、路面障碍物危险路段。按凸起路标的逆反射性能，分为 A、B 两类，具备逆反射特性的凸起路标为 A 类凸起路标，不具备逆反射特性的凸起路标为 B 类突起路标。

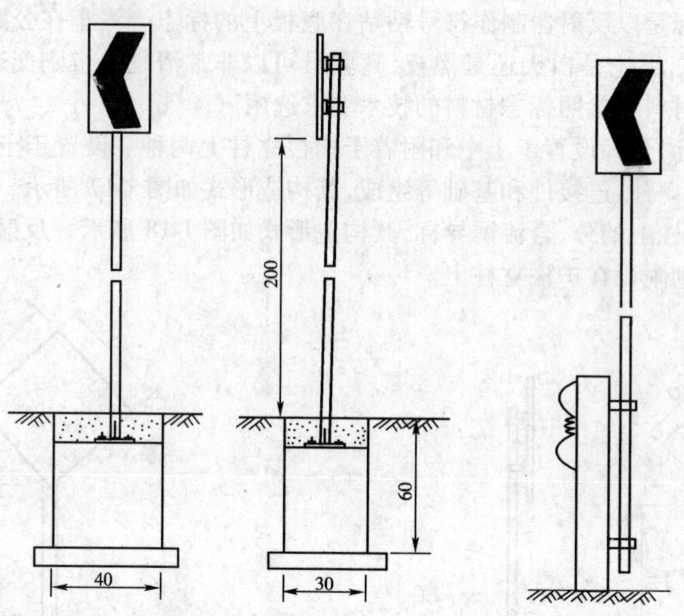

图 1-19 埋置于混凝土及附着于护栏柱上的线形诱导标构造(尺寸单位:mm)

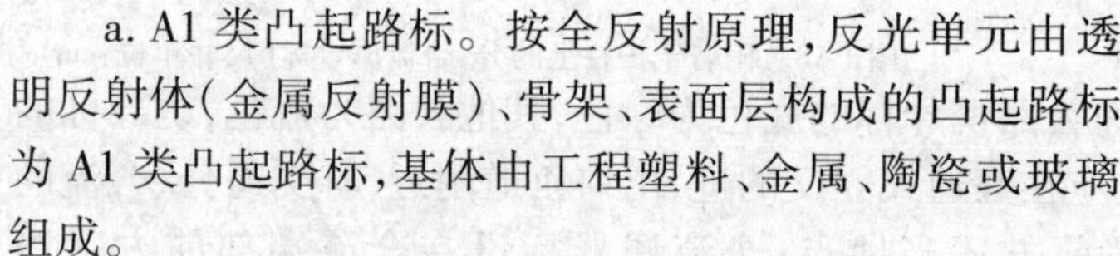

①A 类凸起路标。A 类凸起路标的基体由工程塑料、金属、陶瓷或玻璃组成。按其反光单元的不同构造,共分为三类。

a. A1 类凸起路标。按全反射原理,反光单元由透明反射体(金属反射膜)、骨架、表面层构成的凸起路标为 A1 类凸起路标,基体由工程塑料、金属、陶瓷或玻璃组成。

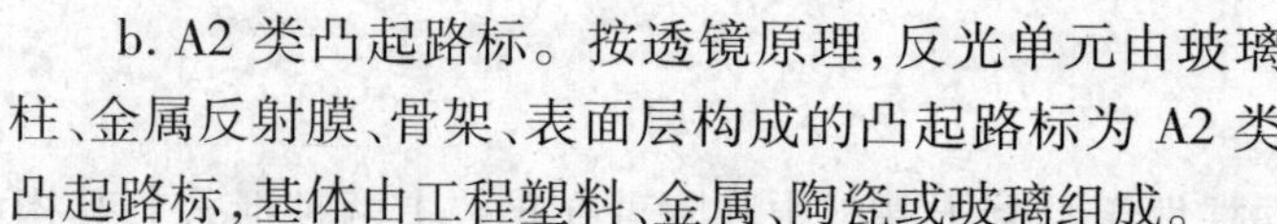

b. A2 类凸起路标。按透镜原理,反光单元由玻璃柱、金属反射膜、骨架、表面层构成的凸起路标为 A2 类凸起路标,基体由工程塑料、金属、陶瓷或玻璃组成。

图 1-20 线形诱导标组合

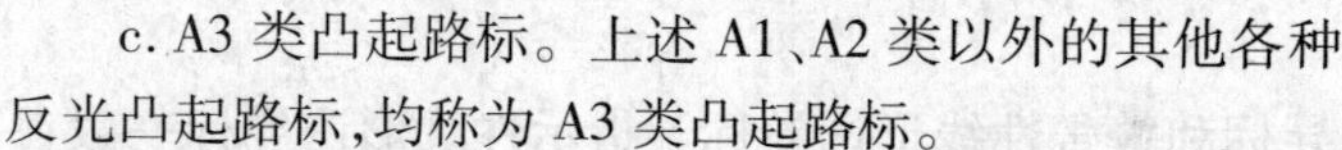

c. A3 类凸起路标。上述 A1、A2 类以外的其他各种反光凸起路标,均称为 A3 类凸起路标。

②B 类凸起路标。B 类凸起路标的基体由工程塑料、金属、陶瓷或玻璃组成。凸起路标一般应制成定向反射型,形状如图 1-21 所示。

一般路段的反光玻璃球为白色,危险路段的反光玻璃球为红色和黄色。凸起路标的反射面,应尽可能与驾驶人员视线垂直。凸起路标高出路面一般不超过 2.5cm,并应符合交通安全的要求。凸起路标一般应和路面标线配合使用。它一般应设置在中心双实线的中间位置,或在虚线空档中间位置。凸起路标的间隔距离为 6 ~ 15m,可根据路面标线的设置情况,以及需要强调的程度选择。凸起路标也可单独使用,以代替路面标线。

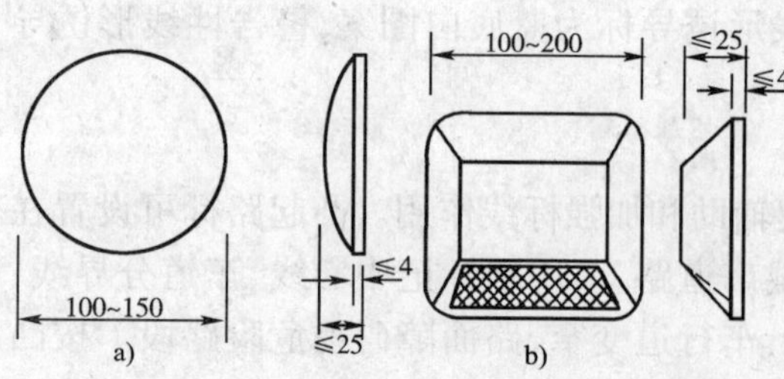

图 1-21 凸起路标形状(尺寸单位:mm)

凸起路标的维修保养。经常清理凸起部位周围的杂物,清除反光玻璃表面的污秽,保持路标的

反光性能。对松动的路标应及时加以紧固，保持路标的反射角度，对损坏或丢失的路标应及时加以修复或更换。

五、道钉

道钉是一种粘贴或锚固在路面上，一般用于收费站进出道口、匝道、靠中央分隔带边线、硬路肩边线设置，与边线横向净距 10cm，纵向间距 8 ~ 10cm 为宜，用来警告、诱导或告知驾驶员公路轮廓或前进方向的装置。它可分为反光和不反光两大类。道钉一般配合路面油漆、热塑标线使用或以模拟路面标线的形式独立使用。道钉在不良气候和环境下，能有效地保证驾驶员的视认性。道钉已被证明是一种廉价且提高安全能力显著的交通安全设施，是驾驶员夜间行车不可缺少的附属设施，使夜间行驶的驾乘人员产生美的感受，道钉可分为以下几种：

(1)不反光道钉。不反光道钉可分为两种类型，见表 1-16。

不反光道钉的分类　　表 1-16

特征 种类	颜色	形　状	材　料	与路面固结方式
A 型	白色	圆形、矩形	塑料、瓷片、玻璃、铝合金	粘贴、打入
B 型	黄色	圆形、矩形	塑料	粘贴、打入

(2)反光道钉。反光道钉有六种类型，见表 1-17。

反光道钉的分类　　表 1-17

特征 种类	单面反光 双面反光	颜　色	材　料		与路面固结方式
			反射器	外体	
B 型	双面	白色	塑料	塑料、铝合金	粘贴、打入
C 型	双面	白、红色	塑料	塑料、铝合金	粘贴、打入
D 型	双面	黄色	塑料	塑料、铝合金	粘贴、打入
E 型	双面	白、黄色	塑料	塑料、铝合金	粘贴、打入
G 型	单面	白色	塑料	塑料、铝合金	粘贴、打入
H 型	单面	黄色	塑料	塑料、铝合金	粘贴、打入

(3)不反光/反光组合型道钉。

(4)其他种类道钉。包括挤压式道钉和全反射型道钉。

六、锥形交通标

锥形交通标是对交通起警告和阻拦作用的临时性设施，通常由塑料、玻璃钢制成，表面用红、白相间材料粘贴，夜间使用时上端应粘贴白色反光材料或反光导标，具有良好的反光性能，如图1-22。主要用于施工等临时作业，控制车辆穿越或标明车辆绕过障碍路段的轮廓。

图 1-22　锥形交通标

锥形交通标的高度有两种：一种高 70cm，锥顶直径 5.6cm，锥底直径 27cm，底座直径 42cm；另一种高 50cm，锥顶直径 8cm，锥底直径 27cm，底座直径 35cm。

七、路栏

路栏是对交通起警告和阻拦作用的设施，通常由钢管、基座组合，表面由油漆与反光膜组成，红白相间。主要用于施工、落石、塌方等危险路段，路栏一般应在危险路段的两端设置，保持一侧的车行道维持通行，也可沿危险路段纵向设置。为了安设方便，运输时节省空间，框架应做成折叠式，在框架的上部留有灯具的插孔，以便作业时插放作业警示灯具。

路栏的高度为100cm，宽度为180cm，在路栏框架上配有上、下两块版面：上版面宽度为40cm，下版面宽度为20cm，上、下版面的间距为20cm，见图1-23，路栏版面无文字，仅为黄黑相的条幅，条幅宽度为20cm，与水平方向成45°角。考虑到夜间及光线不良时使用效果，版面应采用工程级以上的反光材料贴制。

图1-23　放置于作业现场的路栏

八、移动性施工标志

高速公路养护作业经常是移动性作业，这些作业经常是在没有进行路面交通管制的情况下进行的，为保证作业车辆和行驶车辆的安全，同样需要向过往车辆提供必要的作业信息，以便及时安全避让。

移动性作业标志一般挂于作业车的尾部明显可见处，其作用是警告行驶车辆的驾驶员，前方公路正在施工，应减速慢行或变换车道行驶。这类标志为黄底黑边框、黑字，使用工程级以上的反光膜贴制，此警示标牌长不超过车体宽度，宽度不小于50cm，字体鲜明，在100m以外能明显被辨认。为了增加警示效果，白天作业时，还应在车辆的较高处，插挂颜色鲜明的作业标识旗帜。另外，在夜间或光线不良时作业，应在车顶部挂有黄色闪光作业警示灯具。

九、警示灯具

警示灯具是一种专门为公路施工作业配置的灯具，安装在路栏或独穴活动支架上，灯光为黄色或橙黄色，即使在雨雾天，也有较强的穿透能力。其作用为警告行驶车辆前方有养护作业，应减速慢行，适当避让。灯具一般使用在光线不良或夜间施工作业，灯具应能发出500m以外清晰可见的连续、闪烁或旋转的黄光，开启时，每分钟闪烁不低于60次，不高于90次。在危险程度较为严重的作业场区，可在周围的锥形帽上增设一种便携式警示灯，使之能清楚反映作业区轮廓。另外，规模性施工，有大型设备、大宗材料占用行车道而夜间不能及时撤离的，必须配备专用的标志灯光车示警，标志专用灯光车应摆放在作业区前端的封闭区内。

十、安全作业服(安全帽)

安全作业服分为普通作业服和反光作业服，面色为醒目的橘红色，一般穿着上装或上装与帽子同时佩戴。反光作业服的反光部分面积应尽量大，最小宽度不低于5cm，反光部分与不反光部分交替配置。高速公路上路施工人员一般穿着反光作业服。盔式安全帽采用橘红色，主要用于有高空作业或超重作业的现场工作人员佩戴。

第二章　交通机电设施维护

第一节　概　　述

一、高速公路机电系统的特点

高速公路机电系统是通过计算机控制技术，结合先进的现代化电子设备，对高速公路路政、收费、信息、交通安全等实施监控和管理的总称。也就是说，它是根据各种道路交通的具体情况和实际问题，利用电子传感、计算机、自动控制、通信等技术实时地、动态地测量、控制道路及车辆的运行状况，以获取良好的应用效果。

高速公路机电系统又称高速公路现代管理系统，包括：通信系统、监控系统、收费系统和供配电及照明系统等。四大系统之间是紧密联系的，供配电系统是其他三大系统正常运行的保障；通信系统是信息传输通道，它负责传输监控和收费系统的数据、话音、图像各类信息，负责高速公路各部门之间及与外界的联系；监控系统是保障高速公路车辆高速、安全、舒适行驶的动态服务系统，它负责采集高速公路信息，提供给监控中心处理并向驾驶员等服务对象提供服务信息，向服务职能部门（如路政队、交警等）提供服务要求；收费系统是目前我国高速公路机电系统的核心，在保障交通畅通的条件下保障征收通行费不流失且对各种资源进行合理调配和科学管理，另外，须将各个收费广场的进出口车流量数据输出给监控系统处理。机电系统是一个涉及到多学科的技术密集的系统工程，要求管理人员具备交通工程、电子通信、计算机、电视摄像、录像广播等专业技术，图 2-1 为某省高等级公路监控总中心一角。高速公路机电设施投资大、技术复杂，是高速公路交通管理的指挥中心和枢纽。由于高速公路是成带状分布，也就决定机电系统设备分布呈现出点多、线长、面广、松散型的特点，并且大多数设备都处在野外环境中，受恶劣环境因素的影响较大。

图 2-1　高等级公路监控总中心一角

二、高速公路机电系统的总体结构及分类

1. 高速公路机电系统的总体结构

高速公路机电系统是一项系统工程，由若干个子系统组成。为及时、迅速地进行交通管理，系统一般采用集中与分散相结合的管理体制，主要通过主计算机（服务器）、分系统计算机（服务器）、终端计算机（PC 机）三级管理，并辅以相应的收费系统、通信传输系统、供配电及照明系统，构成了比较完整的现代化管理系统。

主计算机（服务器）是机电系统的中心控制机，主要担负着各种数据的计算、统计、存储及各类报表的打印,并能对分系统发布各种指令,以达到高度现代化管理的目的。

分系统计算机(服务器)是机电系统的控制分机,主要负责对所采集的数据进行分类、包装和预处理,然后传输到主计算机(服务器),并能对终端计算机发布指令。另外,它还能对一些重要数据进行应急处理,在主计算机(服务器)发生故障时行使主计算机的功能。

终端计算机主要完成基础数据的采集、实施控制等功能。

2. 高速公路机电系统的分类

(1)按功能划分

高速公路机电系统按功能可以分为通信系统、监控系统、收费系统和供配电及照明系统四大部分,每个系统又包含若干子系统,每个子系统又能完成一定的功能,如图2-2所示。

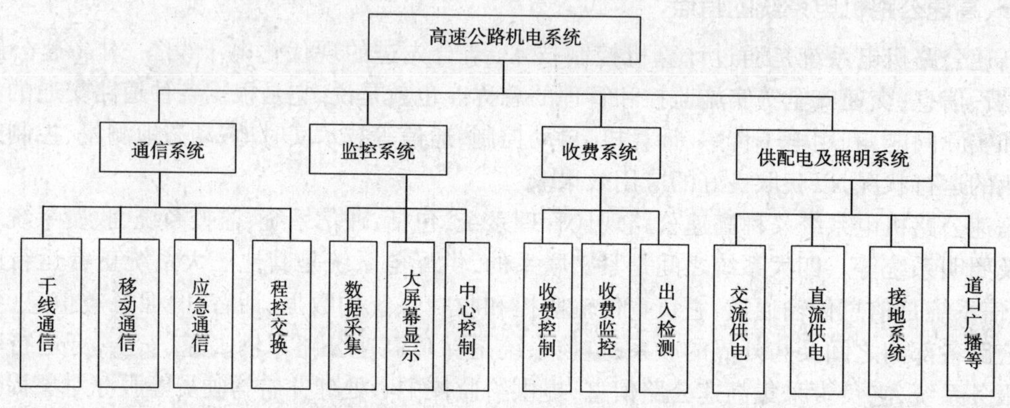

图2-2　高速公路机电系统按功能划分框图

①通信系统,包括干线通信(微波、光纤)、移动通信、SDH、程控交换、应急电话和指令电话等系统设备。完成的主要任务是:系统数据、命令、图像及语音信息的传输,并确保其及时、准确。

②监控系统,包括数据采集、中心控制、大屏幕显示(含电视监控)等系统设备。完成的主要任务是:实时采集、记录和显示交通流数据、事故信息、气象信息等,并发布交通控制信息,对全线交通状况进行控制和调度。

③收费系统,包括出、入口检测和收费控制等系统设备。完成的主要任务是:收费车道交通量、收费金额的统计,汇总、整理收费的有关数据,并传送到上一级计算机进行处理,接受上一级计算机下发的命令。

④供配电及照明系统,包括交流供电、直流供电、接地系统、道口照明及办公照明系统等供电设备。完成的主要任务:不间断地对机房内部设备和外场终端安全供电,保证其他设备不间断地运行和道口良好的光线照度。

(2)按信息流程划分

高速公路机电设施按信息流程划分,主要有信息采集系统、信息传输系统、信息处理系统、信息显示系统四部分组成。其系统流程框图如图2-3所示。

①信息采集系统,主要包括道路断面信息采集、匝道口信息采集、收费车道信息采集等。

②信息传输系统,主要通过信息传输媒介(如光纤、微波、电缆等)、传输数据、语音和图像等信息。

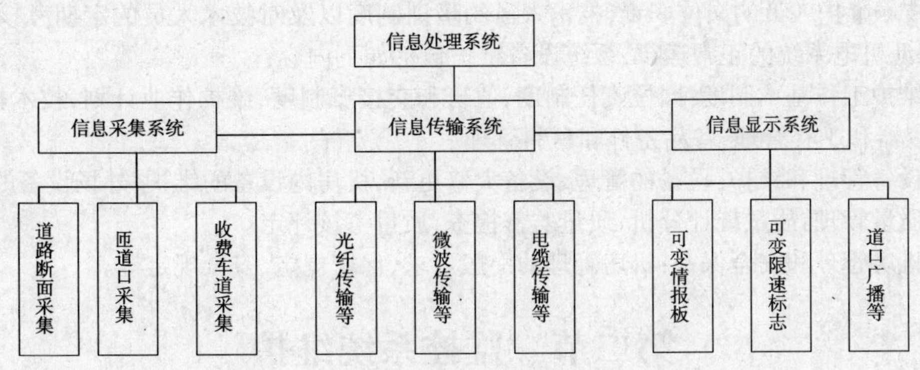

图 2-3　高速公路机电系统按信息流程划分框图

③信息显示系统，主要将决策的命令信息，通过道路和收费口可变情报板、可变限速标志等终端设备，提供给驾乘人员。

④信息处理系统，主要包括对数据、语音、图像等信息的处理和分析，通过人工或自动决策，提出相应的控制命令。

三、高速公路机电系统维护重要性

任何一个先进的系统设备只有在良好的维护管理之下才能发挥其应有的作用，因此有一套好的管理维护措施和一支高素质技术维护人员是保证高速公路机电系统正常运行的关键。

对高速公路的机电系统作用的认识在我国也经历了一段较长的过程。在我国高速公路发展的初期，对高速公路的机电系统的重视程度远不及对高速公路修建的重视。重视土建设施的投入，忽视管理设施的建设。这在很大程度上又体现为对现代化管理设施在高速公路中的重要作用认识不足，结果造成高速公路采用的是普通公路的管理手段。高速公路的机电系统也就停留在建立供配电系统上，以满足日常的人工收费制式上。致使高速公路未能发挥其应有的高速、快捷之功能。另一方面高速公路也缺少高速公路现代化管理系统维护方面的复合性人才，致使部分高速公路的机电系统由于未能有较好的维护而导致系统不能发挥其应有的作用，使其成为一套摆设，造成国家资产的浪费，给国家带来一定的经济损失。随着我国改革开放的不断深入，发达国家高速公路先进的交通管理技术和经验也不断地为国人所认识和学习，国家对高速公路机电项目的投资也呈上升的势头，特别是融资渠道的拓宽，国外投资商对机电项目的重视也使得各省的机电设施有了相当程度的发展。现在各省的高速公路基本上都有一定的机电系统设施投入使用，而其中尤以收费系统和通信系统的投入使用较为普遍。

由于高速公路的机电系统设备分布呈现出点多、线长、松散型的特点，并且多数设备都处在野外环境中，这给维护带来一定的难度和不可预见性，因此需要建立起一整套的维护管理措施。它包括预防性维护和突击性维护。机电系统维护管理的基本任务如下：

(1)保证机电系统各设备运行正常，迅速而准确地排除各种障碍。

(2)保证设备的电气性能、机械性能、维护技术指标符合标准。

(3)保证设备完整、清洁，备品备件完好，设备工作环境条件良好。

(4)在保证系统工作质量的前提下，节约能源、器材和维护费用。

为保证机电系统正常运行，还要建立一套有效的对系统技术维护人员管理监督约束制度，它包括：技术维护人员的岗位职责，技术人员的培训制度以及对技术人员的定期考核制度等。因此为保证机电系统的正常运行，系统设备维护包括如下内容：

(1)维护工作基本制度：岗位责任制度，值班和交接班制度，维护作业计划，技术档案和资料管理，仪器和工具管理，备品备件和材料管理。

(2)设备管理和维护：设备的管理，设备大修更新，机房内设备的维护，外场设备的维护。

(3)质量管理：质量统计分析，质量监督检查，质量考核评定。

(4)机房管理和安全保密：机房管理的一般要求、保密规定、安全规定等。

第二节　监控系统维护

一、高速公路交通监控系统组成

1. 系统工作原理

高速公路交通监控系统就是对高速公路交通运行情况进行实时地监测和控制。所谓监测，就是利用电子设备对一些主要的交通参数(如交通量、密度、速度、占有率、车头距)、堵塞状况以及路面状态、气象情况等进行实时观察和测量。所谓控制就是指根据收集到上述这些参数和信息，按照某些预定的准则，使线路上行驶的车辆自动地恢复到或保持在最佳的运行状态。具体地说，整个系统可以分为以下三个步骤：

(1)信息收集阶段(交通参数的测量)

通过一些观察和测量手段，如运用车辆检测器、气象检测器、电视摄像机、应急电话、巡逻车辆等，实时地了解和把握线路或某个区间的交通通行情况，完成交通参数的测量。从宏观上讲，用于描述高速公路交通运行状况的最常用的参数为交通量、速度和车头距(密度或占有率)，交通监测就是要实时地、正确地、连续地获取这三个数据。

(2)信息处理阶段(交通参数的分析和判断)

根据检测的交通数据，按照规定的处理步骤和数据分析准则，作出对线路或某个区间在某一个时刻(或某个阶段)交通状况的判断，例如正常、轻度拥挤、堵塞或交通事故等，并预测下一阶段交通情况的变化趋势。

(3)信息公布阶段(交通状况的调节与控制)

根据判断结果和预测结果，在管理人员的参与下作出线路或某个区段交通管理的决策，并通过系统所具有的各种手段，如可变情报板、可变限速板、指令电话、移动电话、无线广播、信号装置等，及时调节和控制有关区段的交通参数的变化趋势，使其在较短的时间内，恢复或保持最佳的交通状态。

2. 系统基本组成和主要功能

高速公路交通监控系统一般由三大部分组成：信息采集部分、信息处理部分和信息提供部分。根据高速公路的长短和车流密度，每一部分的设备组成和数量可能差异较大。

交通监控系统的主要功能是：实时采集、处理、记录、显示全线交通流数据、事故信息、气象信息，并据此判断各区段的交通状况，发布交通引导和限制信息，对全线交通状况进行控制和调度。

3. 系统基本设备组成及说明

高速公路交通监控系统的基本设备组成如下：

(1)信息采集部分

①车辆检测器。为了获取主干线和匝道上车辆行驶的交通量、速度、占有率、车头距等交通控制必需的基本参数,采用车辆检测器。最常用的车辆检测器是电感线圈传感器、超声波传感器和红外传感器。为了保证数据的实时性、连续性和准确性,通常 2 ~ 6km 左右配置一个断面。电感线圈传感器埋在路面下 8 ~ 10cm 处,超声波传感器高架在离地面 5m 处,红外传感器可安装在道路表面上或离路面一定高度处。所采集到的数据通过金属电缆或光缆送监控分中心的处理装置进行处理汇总。

②应急电话。

③电视摄像机。为便于直观地了解沿线交通运行情况和事故发生的地点、程度,通常在高速公路交通繁忙、事故多发地段、立交桥道口安装可遥控的电视摄像机,遥控的项目有分位、俯视、聚焦、变焦、电源通断、雨刷等。随着电子技术发展和制造业的发展,电视摄像机的成本下降,在高速公路安装全路程的电视摄像机也成为可能。控制台设在监控中心控制室。同时配置监视器、录像机和转换器进行图像监视和记录,便于实时和事后的处理、分析。电视图像信息一般采用视频电缆或光缆进行传输,摄像机可选用黑色或彩色的,要求能全天候工作。摄像机的架设高度要根据监视距离和视场的大小来决定。

④车载无线移动电话。在交通管理系统中,移动通信设备主要为管理局、所的移动车辆(如工程车、巡逻车、救援车、指挥车等)之间提供通信手段。根据系统覆盖区域的大小,决定天线高度及天线塔的位置;可以建立若干个服务区并设置无线控制中心和若干个基地站。根据用户数量和呼叫接续方式申请相应的频道数。

⑤气象和能见度检测仪。通过在高速公路沿线气象复杂路段和长隧道里架设气象和能见度检测仪,可以及时获得道路上的风向、风速、温度、湿度、雨、雪、路面是否结冰和能见度等数据。

(2)信息提供部分

①多功能可变情报板。对行驶车辆发布道路交通、气象、事故等信息和行车指南信息,在高速公路互通立交附近可架设可变情报板。通常可变情报板上的信息包括:沿线区间;道路、交通、事故信息;行车指南;区段气象。这些信息都以汉字、数字或国家标准图形方式显示,每个字符由基本像素组成的矩阵来显示。常见的显示像素有高亮度发光二极管、磁翻板单元、灯泡、光纤束、液晶等。目前最常用的显示器件是高亮度发光二极管和光纤束,多功能可变情报板的显示内容由中心或分中心的控制台进行操作,情报板架高(5 ~ 6m),支架可采用龙门架形式或倒 L 形式,情报板要求全气候条件工作,具有各种防护措施,一般可视距离为(100 ~ 200m)。

②可变限速板。当主干线上发生交通事故,或者由于气候条件比较恶劣、道路状况较差,或者正在施工、维修等作业时,需要对行驶在该区段内的车辆进行速度限制,这时可通过可变限速板发布限速命令。速度限制值通常为二位数或三位数,由高亮度发光二极管、磁翻板、光纤束单元通过矩阵组合而成,最常用的是高亮度发光二极管。

③利用各种媒体和互联网等进行信息发布。随着网络技术的发展和互联网的普及,及时将高速公路上的信息在网上发布,也是驾乘人员及时获得高速公路信息的一种重要手段。

(3)信息处理部分

①分中心计算机系统。它的主要任务是汇集所属区段内外场终端设备采集的数据和信息,经过规定的处理后送中心计算机系统,本地具有一定的显示记录、打印功能。同时又具有转发来自中心的控制命令的功能,控制可变信息板和可变限速板。分中心的设备主要包括控

制台、处理计算机、监视器、打印机等工作设备以及交流稳压电源、UPS 电源等辅助工作设备。根据传输需要还可配置通信用 MODEM、数据复接器等。控制台主要功能是分中心有关设备的工作状态显示、电源通断控制、终端设备的控制与操作等。

②中心设备。

a. 中心计算机系统。监控中心计算机处理系统主要任务是:汇总全线外场终端采集的并通过分中心计算机系统传送来的交通信息,经处理、分析、判断后作出全线各区段交通运行情况的结论,并按规定要求进行显示、记录和存储。同时根据各区段的交通运行情况(正常、拥挤、堵塞、事故等)通过可变限速板、无线移动电话等外场设备对交通流进行调节与控制。中心设备包括控制台、处理计算机、监视器、打印机、磁带机、绘图仪等工作设备以及与之配套的交流稳压电源、UPS 电源等辅助设备,根据需要可选配一定数量的数据通信用 MODEM、数据复接/分接器。

b. 大型显示装置。为了便于中心控制室操作人员全面、直观、实时地了解全线交通、道路、气象、事故等信息(数据)以及外场设备工作状态和互通立交出入口的工作情况,通常中心控制室设置了大型的参数显示、图形模拟显示或大型投影装置。图形模拟显示是以公路沿线地图为背景,并标明各管理机构位置以及行政区划、重要城镇地名。参数显示以数字方式来显示全线或关键断面、区段地交通参数、交通运行状态、气象参数、事故信息及外场设备工作情况等。显示内容的更新由数据处理装置和控制台进行控制。

c. 中心控制台。中心控制台由若干个单台拼接而成,负责全系统的控制和监视操作。通常监控中心控制台包括了大型显示控制台、处理装置控制台、指令电话调度台和应急电话接收台等。

d. 电源设备。包括中心机房的交流稳压电源、直流稳压电源、UPS 电源、应急电话电源及配电网络等。

二、监控系统维护、保养

监控系统维护的目的是保证系统设备完好,使之处于良好的运行状态。设备完好要求包括:主要技术指标和电气性能符合规定,结构完整、部件齐全、设备清洁,运行正常、使用良好,技术资料齐全、完整。保持设备完好,必须以日常维护为主,大修更新为辅。凡是通过经常维护及重点检修仍不能解决问题而又严重影响运行质量的设备,可列入大修计划。根据条件和需要,亦可更新设备。监控系统设备可分为内场设备和外场设备两部分。

1. 内场设备

内场设备主要包括:控制计算机、数据采集计算机、背投计算机、监视器、光端机、视频分配器、视频切换器、多画面分割器、长延时录像机、投影仪、道路模拟屏、操作台以及 UPS 电源、稳压电源等。内场维护工作主要分为日常维护、定期维护和障碍处理三种方式。

(1)日常维护

①监视和记录设备运行情况和障碍情况。

②设备的仪表指示、声光告警情况、各开关位置情况。

③设备表面的保洁工作,机房及工作环境整理。

④UPS 电源系统的供电情况等。

(2)定期维护

①设备机架内的灰尘清除每周一次。

②各种计算机的数据备份可根据数据量的大小选择适当的时间。

③各种电源保险、电线及接头、各类电表告警线的检查、老化及有异常现象电线的更换等。

④各接入设备的IP地址端口的拼接，每周两次。

(3)障碍处理

①电气设备发生的一切障碍及不良现象均应按照设备的重要性和障碍的危害程度，按顺序尽快修复。

②查找障碍应遵守下列规定：

a.检查障碍时必须细心，在未找到障碍原因和部位前，应尽量不使障碍消除以便追查。

b.障碍的原因若在线路和其他系统时，要会同相关人员进行检查。

c.根据记录检修障碍时，应先对障碍部件进行测试以便证实记录表所记录的现象是否正确。

③修理障碍应遵循下列要求：

a.修复障碍必须使用适当的工具。

b.障碍消除后，应将有关部分检查一遍，进行电气测试，经试验完全良好，方可恢复使用。

c.修复障碍时，禁止从备用整套机器上拆卸零件。在不得已的情况下，必须拆卸时须经过领导批准，并且在事后应尽快补还，使备用的设备恢复原状。

d.为迅速恢复障碍而采取的应急措施，应在消除障碍后，尽快恢复设备的正常状态。

2.外场设备

监控系统外场设备包括：车辆检测器、可变情报板、可变限速板、摄像机及杆架、气象和能见度检测仪、远供电源(或太阳能板)等。监控系统外场设备的日常维护是由技术维护人员通过监控中心观察检测的数据和发出检测指令来完成。

(1)外场设备的定期维护内容及周期

①外场设备的保洁。由于设备处于野外恶劣环境中，且车辆尾气和灰尘较多，因此每周须对设备的表面进行一次保洁。每月对设备内部及各板块进行一次保洁，可用带电清洁剂进行带电维护。

②设备的线路板检查。每月进行两次各外场设备的线路板的检查，包括线路板是否插接牢固，线路板是否有腐蚀及脱线现象，设备搭铁是否良好等。

③设备转动部件检查。每月进行一次各转动部件的检查，包括摄像机云台、雨刷、气象仪的风速计等，对需要保养的进行保养。

④对可变道路情报板、可变限速板等发光部件的检查。及时更换损坏部件，确保显示准确。

⑤各远供电源保险、电源线及接头的检查。每月应查看两次，及时更换保险丝，检查电源线是否有破损情况，插头是否有松动等。对于太阳能供电电源需要检查蓄电池接线是否有松动，蓄电池是否有漏液，蓄电池桩头是否有腐蚀等。

(2)故障处理

监控系统的外场设备的故障处理同内场设备处理方式相同，应遵守相应的规定和要求。

三、主要设备定期维护内容

(1)路段信息检测系统季度维护及年度维护内容见表2-1、表2-2。

路段信息检测系统季度维护

表 2-1

设备名称	维护内容	维护指标
车辆检测器	机箱防水性能检查 检查 VD 数据上传是否正常 自检功能的检查	机箱密封良好、干净、机箱内无积水、尘土、霉变 VD 数据采集、上传正常 线圈电感量 70 ~ 1000μH 线圈电阻小于 10Ω
MODEM	设备内部清洁 检测通信链路是否正常	表面干净无尘 通信链路正常，DCD 常亮
光端机	设备内部清洁 光纤接口清洁 用光度计进行测试光路是否正常	表面干净无尘 光纤接口干净、无尘

路段信息检测系统年度维护

表 2-2

系统维护对象	操作维护项目	系统维护项目
系统维护	硬件维护	使用吸尘器清洁电路板灰尘 检测设备运行参数 清洁尾纤接头
其他设备	搭铁系统	设备安全保护搭铁电阻的检查，安全保护搭铁电阻≤4Ω 防雷搭铁电阻的检查，防雷搭铁电阻≤10Ω
	外场机箱清洁	外部清洁，无车辆溅落物等污渍及寄生动物巢穴 外表面防腐层无剥落、无锈蚀 元器件上无灰尘、织网等积落物 门锁无积水、不锈蚀 密封胶条富有弹性，不粘、不硬、不老化至影响密封性能

(2)闭路电视系统季度维护及年度维护见表 2-3、表 2-4。

闭路电视系统季度维护

表 2-3

设备名称	维护内容	维护指标
监视器	清洁内部灰尘 检查图像是否清晰、稳定，色彩是否协调，显示区域有无偏离屏幕四角，使用监视器的控制面板进行调整	所有监视器图像清晰、稳定，色彩协调，亮度适中 外观干净整洁
摄像机	清洁内部灰尘 检查安装支架有无偏离，是否有松动	图像清晰稳定 能最大限度地覆盖监控目标 外观干净整洁
云台、解码器	调节云台水平、垂直转动情况	能正常驱动镜头、云台、雨刷动作、能控制信号电压
视频矩阵	清洁内部灰尘 检查线路的接头有无松动或脱落 检查切换控制是否可以正常	能正常进行切换、控制云台摄像机等操作 反应迅速

续上表

设备名称	维护内容	维护指标
硬盘录像机	清洁内部灰尘 尝试录像、回放、备份操作，以确保功能正常 扫描硬盘以发现坏扇区等隐患 检查备份设备（刻录机、光盘）是否正常工作	正常显示输入的视频图像 正常执行录像、回放、备份等操作
矩阵控制键盘	清洁内部灰尘 查看拨码开关是否正确 进行常用功能（如切换、控制云台）等操作，确保能正常使用 检查按键是否失灵	能正常执行切换、控制云台摄像机等操作 无错误信息显示 外观整洁干净
外场机箱	机箱清洁	机箱外部清洁，无车辆溅落物等污渍及寄生动物巢 内外表面防腐层无剥落、无锈蚀 元器件上无灰尘、织网等积落物 门锁无积水、不锈蚀 封胶条富有弹性，不粘、不硬、不老化至影响密封性能

闭路电视系统季度维护　　表 2-4

系统维护对象	操作维护项目	系统维护项目
系统维护	硬件维护	使用吸尘器清洁电路板灰尘 检测设备运行参数
其他设备	搭铁系统	设备安全保护搭铁电阻的检查，安全保护搭铁电阻≤4Ω 防雷搭铁电阻的检查，防雷搭铁电阻≤10Ω

（3）监控中心设备季度维护及年度维护见表 2-5、表 2-6。

监控中心设备季度维护　　表 2-5

维护对象	维护内容	维护指标
监控计算机服务器	清洁设备外部灰尘 检查监控系统远行情况 系统检测，查看各设备工作情况	干净、无尘 通过自检、运行正常 监控系统运行正常 显示器图像清晰
地图板	清洁外部灰尘 显示模块的清洁、平面整理 显示屏的各项显示功能测试 一般调节功能的测试 静态图像显示按所设定的要求显示	显示模块整洁 显示屏的各项显示功能齐全 设备工作状态、气象参数、时间、日期显示正常
大屏幕投影	清洁设备外部灰尘 显示屏的各项显示功能测试 自检功能测试 一般调节功能的测试	显示屏的各项显示功能齐全 自检功能通过 调节图像对比度、亮度、色度、清晰度与调节要求相一致 远程鼠标和键盘功能与操作要求相一致

续上表

维护对象	维护内容	维护指标
监控软件	检查各模块升级补丁 数据库维护	能正常采集数据、打印报表、控制外场设备
系统检测	清除各逻辑盘临时文件、回收站文件、索引分类文件 整理各逻辑盘文件碎片	系统运行正常、稳定
操作系统	升级操作系统最新补丁 检查系统错误日志	操作系统运行正常
查杀计算机病毒	升级病毒库 进行病毒扫描，清除计算机病毒	无计算机病毒
交换式集线器、路由器	清洁内部灰尘设备自检 软件测试网络	设备干净无尘 设备工作正常 网络通信正常
打印机	清洁内部灰尘 检查打印线缆接线是否牢固 检查炭粉、墨盒墨水或色带	设备干净无尘 设备工作正常 打印清晰

监控中心设备年度维护 表 2-6

系统维护对象	操作维护项目	系统维护项目
系统维护	硬件维护	使用吸尘器清洁电路板灰尘 清洁开关电源和抽风板上的风扇灰尘 清洁计算机、服务器 CPU 风扇灰尘 清洁地图板、大屏幕投影内部灰尘

(4)信息诱导系统设备季度维护见表 2-7。

信息诱导系统设备季度维护 表 2-7

设备名称	维护内容	维护指标
可变情报板、可变限速标志	机箱密封性检查 发光器件检查 视认距离的检查 故障告警的检查 自检功能的检查	机箱密封良好、干净、机箱内无积水、尘土、霉变 视认距离≥250m LED 组件、模块电源、控制电源、温度异常的故障告警与设置故障一致 自检功能通过

第三节　通信系统维护

高速公路通信系统是满足高速公路点多、线长、面广的特殊要求，具有公网不可替代的作用。而且交通越发达，越需要通信系统。通信系统的建设关系到高速公路营运管理的水平。

一、通信系统的组成

高速公路通信系统由综合业务交换、通信传输、移动通信三个部分组成。

1. 综合业务交换

综合业务交换包括调度电话、应急电话、程控电话和其他非话业务。

(1)调度电话

调度电话可分为人工调度电话和程控调度电话。由调度员座机和主机两部分组成。其作用是满足指令或信息的迅速传达或反馈,实施业务调度和召开电话会议。

人工调度电话总机采用微型继电器和晶体管电子电路。总机具有体积小、质量轻、安装使用维护方便、运作可靠,能长期连续工作等特点。

程控调度电话总机以计算机为核心,采用软件编程及存储程度,控制调度通信工作。它取代了人工调度电话有触点的机械开关、继电器和晶体管分离组件,消除接触不良、机械易磨损的缺点。

调度电话因其专用性,并随着高速公路内部交换的发展,在高速公路通信系统建设中日趋减少。

(2)应急电话

为了使监控中心能及时了解公路上发生的事故和车辆故障情况,便于及时处理和疏导交通,通常在高速公路上都安装应急电话。为便于使用和操作,一般不采用通常的拨号电话形式,而是采用了门开关或按键开关形式。使用者只要拉门或按键,电话就可以及时接通;同时在监控中心的控制台上或大型模拟显示屏上就会显示出发话的位置并声光报警,如图2-4。

图2-4　设置于高速公路上的应急电话

根据高速公路本身特点和不同的事故检测时间的要求,通常应急电话在沿线每1km或2km上下行各安装一部。电话信息可通过无线、金属电缆或光缆方式传送到中心的接收台上。由于应急电话的特殊用途,且具有呼叫率低、通话时间短等特点,因此通常是将若干部电话并接在一对电缆上,以节省传输线路的费用。

应急电话按其传输方式可分为有线、无线二种。由室内控制台和外场分机组成,分布在高速公路两侧。作用是在现行公网无法满足营运管理需求的情况下,为施救、路保提供信息的重要途径和手段。

有线应急电话:是由电缆或光缆传输信令或话音信号,外场分机采用多机共线,其供电方式可为太阳能、蓄电池或室内远供。

无线应急电话:是由无线传输信令和话音信号,采用无线全双工方式,外场分机的供电可为太阳能或蓄电池。

(3)程控电话及其他非话业务

程控电话分为模拟交换机和数字交换机两种,由程控交换主机、用户机组成。其任务是完成网内用户或网内与网外用户的话音和其他非话业务的交换或接续。

模拟交换机:它对模拟信号进行交换。包括机电式交换、空分式电子交换机和脉幅调制式的时分或交换机。

数字交换机:它对数字信号进行交换。其数字信号包括脉码调制(PCM)和增量调制(DM)信号。与模拟交换机相比,数字交换机在通信服务质量、维护管理、网络组织、安装建设、服务功能具有无法比拟的优点,尤其是程控数字交换机与数字传输媒介的结合,便于实现综合业务数字网,这不仅能提高信息交换和传输的速度,还有可能大范围地引入非话数字业务(IS－DN),提高网络的使用价值,实现网络的多功能最优化服务。数字交换机的发展必将取代模拟交换机。

2. 通信传输

通信传输包括电缆传输、微波传输、光纤传输和卫星传输。

(1)电缆传输。电缆传输信号在当今通信传输系统中,占有很大的比重。由于电缆传输在传输速率、距离、质量上存在许多缺陷,因而在实际网络上,仅限于短距离通信。目前,在高速公路上用作业务电话的用户电缆、调度电话、紧急电话以及道路情报板等与控制中心进行低速数据通信的传输媒介。

(2)微波传输。是利用无线电波在空中传输进行通信。由于受到地形和无线高度的限制,其中继间距一般仅为30～50km,另外微波通信受到大气的影响较大,且其再生中继站为有源中继站,因而在高速公路的未来通信建设上,微波通信将逐步被光纤通信和卫星通信取代。

(3)光纤传输。是以电信号调制光源,以光波的信息载体,以光纤维作为传输媒介。其最大特点是传输容量大、中继距离远,抗干扰能力强。在当前的高速公路建设上,管道光纤将作为通信传输的主干线,并将逐步形成数字光纤通信网。

(4)卫星传输。卫星通信与微波通信相似,都是利用微波信号进行传输,只是微波通信利用地面中继站作为传输中继,把信号传到接收端,卫星通信利用转发器作为中继,把信号传到接收端地球站。由于通信卫星距地球站约为36000km,传输损耗较大,另外天线、电源、地阻等对通信的稳定性造成影响,且卫星通信技术复杂,建设投资较大,故目前较少采用。

3. 移动通信

最早出现的移动通信是专用无线调度系统,从一对一的无线单机对讲开始到单信道一呼百应的常规调度系统,后来又发展到带选呼功能的自动拨号系统。随着微电子技术及计算机技术在移动通信领域的大量应用,这种通信系统向更高层次发展,成为多信道、多用户共享的高级无线专用调度系统,即集群系统。

在高速公路营运管理中,移动通信特别适宜于道路养护、路政管理、交通安全管理、收费稽查、救援等流动性作业部门。近年来,公网的迅速发展和高速公路程控交换的建设加快,高速公路的移动通信基本定位在单信道一呼百应的常规调度系统。这是无线对无线的通信方式。通信网络由双工中转台及一定数量的异频单工移动电台组成,无需增设编解码器,网内任一对用户通信,其他用户均可收听。

二、通信系统维护、保养

通信系统维护的目的是保证系统设备完好,使之处于良好的运行状态。维护工作主要是以“预防为主,防治结合”为基本方针,防微杜渐,防患于未然。设备完好要求包括:主要技术指标和电气性能符合规定,结构完整、部件齐全、设备清洁,运行正常、使用良好,技术资料齐全、完整。保持设备完好,必须以日常维护为主,大修更新为辅。凡是通过经常维护及重点检修仍不能解决问题而又严重影响运行质量的设备,可列入大修计划。根据条件和需要,亦可更新设备。通信系统设备维护分为日常维护、定期维护和故障处理与维修。

1. 日常维护

(1)各设备表面除尘,保持设备表面清洁。

(2)各设备工作状况记录,有设备电压数值、电流数值,设备的告警信号等。

(3)通过计算机平台检查各端口、接口情况;对外场设备发布检测指令,根据接收的信号判断外场设备的工作状况。

(4)无线通信网络呼叫,包括无线呼有线、无线呼无线、有线呼无线等。

(5)电源供电情况以及各设备的保险丝等。

2. 定期维护

(1)根据各地的气候情况,定期检查孔道里的水位情况,定期和不定期的排水,确保光、电缆处在一个较干燥环境中;同时查看各接头是否有破损情况。

(2)每周进行一次各设备内部除尘以及外场设备的表面除尘。

(3)每周进行一次各设备馈线、光电缆接头是否可靠或完好的检查。

(4)各设备内部整件每周检查是否插接良好。

(5)应急电源的供电情况须每周检测一次。

(6)应急电话应每周坚持一次上路实测,及时做好电话按键的除锈保养。

(7)对于有微波设备和无线通信设备的每周还应做到检查:公务联络话音效果,主备波道倒换及各波段工作状况;基地台的天线方向,各功能键正常与否以及基台发射时电流指示等。

(8)每三个月检查一次:微波设备的密封件的密封性能,高频筒及天线紧固情况,天线方位角和微波塔的避雷针及其他安全措施的完善程度等;无线通信设备检查有基地台天线的紧固情况和方位或垂直度,馈线的膨弛、破损程度及馈线与天线接头的密封情况,基台天线的电压驻波比和载波功率,车载台和手持机编解码功能的灵敏程度和送受话情况。

(9)每年进行一次系统各设备的指标测试(包括送有关部门检测等)。

3. 故障处理与维修

通信系统设备的故障处理同样应遵守监控系统设备维修规定,在这里不再重复讲述。在实际工作中应遵守的一个原则就是在技术人员还没有熟悉设备原理的情况下或没有相应的检测工具和维修工具时,应及时将设备送到厂家维修。

三、通信系统主要设备维护内容

(1)程控交换系统的维护见表2-8、表2-9、表2-10、表2-11。

日常维护内容　　表2-8

维护对象	维护项目	序号	维护内容
告警系统与环境监控	机架行列告警灯	1	检查指示灯功能是否正常和是否报警
	告警箱	2	检查指示灯、蜂鸣器功能是否正常和是否报警
	告警台	3	查验告警台功能是否正常并查询和确认所有的告警信息
	环境监控	4	查询远端机房环境的状态是否正常
		5	查询远端机房电源的状态是否正常
BAM维护	硬件运行	6	检查BAM主机运行是否正常,如是否存在CPU、硬盘、网卡等硬件告警

续上表

维护对象	维护项目	序号	维护内容
系统维护	软件运行	7	检查BAM服务器的业务进程是否存在异常退出的情况
	硬件运行	8	检查C&C08各机框内单板的状态是否正常
		9	检查模块间通信链路的工作状态是否正常
		10	检查外部时钟参考源的状态是否正常
		11	检查各模块的时钟同步状态是否正常
	软件运行	12	检查系统是否存在软件类的告警
中继系统	中继单板	13	检查DTM板的运行状态是否正常
	中继电路	14	检查各局向的中继电路是否存在闭塞、锁定、故障等异常状态
信令链路	MTP链路	15	检查MTP链路是否存在断链、管理阻断等故障现象
	V5链路	16	检查V5链路是否存在断链、端口去激活等故障现象
系统维护	数据维护	17	定期校验前后台数据的一致性
系统维护	数据维护	18	定期将BANI上的系统数据文件转存到MO或其他存储设备上

月度维护内容 表2-9

维护对象	维护项目	序号	维护内容
BAM维护	硬件维护	1	定期删除BAM历史话单
		2	定期删除垃圾或过时数据
	软件维护	3	定期对BANI进行病毒查杀
	系统时间校准	4	定期检查并校准系统时间,使之与北京时间保持一致
其他设备	设备除尘	5	抽出设备各机柜中防尘板,清理干净积尘
	供电系统	6	定期检查各电源端子、插头、插座的外形、接触、配合等是否良好,是否明显存在腐蚀、过流、过温等缺陷或隐患
		7	定期检查所有二次电源板的状态是否正常,对应母板上的保险管有无烧毁、爆裂、放电、接触不良等缺陷

季度维护内容 表2-10

维护对象	维护项目	序号	维护内容
其他设备	线缆系统	1	定期检查所有的内部线缆与外部线缆是否存在破损、老化、腐蚀、电弧灼伤等缺陷或隐患
其他设备	搭铁系统	2	定期检查所有搭铁线各端子的接触、配合等是否良好,是否存在松动、腐蚀等缺陷
	防护装备	3	定期检查各机柜门能否被正常关闭
		4	定期检查机柜顶部和底部各电缆出口的缝隙是否被封堵到位
		5	定期检查机柜顶部、内部是否有异物坠入

年度维护内容　　表 2-11

维护对象	维护项目	序号	维护内容
系统维护	硬件维护	1	单板除尘(每年进行一次单板洁净度抽检)
其他设备	搭铁系统	2	定期测量通信局的联合搭铁的搭铁电阻值,要求小于1Ω

(2)光纤系统的维护见表 2-12、表 2-13、表 2-14、表 2-15。

日常维护内容　　表 2-12

维护对象	日常维护内容及维护操作	验收参考指标
查询各网元及单板运行情况	进入接入网传输网管子系统的[网元分布]主界面状态,双击各网元	正常情况下,应弹出该网元的板位配置窗口,所有单板应处于正常工作状态;否则为通信中断或故障态
查询各网元告警情况	进入接入网传输网管子系统的[网元分布]主界面状态,单击鼠标右键网元后,选[当前告警查询]	所有网元均无告警;如果有告警,应及时通知维护人员排除
查询各网元性能数据	进入接入网传输网管子系统的[网元分布]主界面状态,在状态栏[性能]中选择[性能数据查看]	正常情况下,所有性能数据均为 0
查看日志	进入接入网传输网管子系统,选择[日志管理]	没有对网管的企图登录;无不明的数据更改操作
保护倒换检查	在接入网传输网管子系统中,检查倒换状态、倒换告警	(1)对于通道保护,未发生保护倒换时,支路板所有通道应无 PS 告警; (2)对于复用段保护,未发生保护倒换时,环上所有网元的协议控制器状态应为"正常";同时交叉板和线路板无 PS 告警,SCC 板无 APSINDI

月度维护内容　　表 2-13

系统维护项目	操作指导	参考指标
传输网管子系统数据库转储和整理	在传输网管子系统中,选择[系统/数据库管理],将日志、告警、性能等数据压缩后以二进制文件形式转储到 C 盘以外的其他媒质(如软盘、D 盘、MO 等)上	转储过程正常
传输网管子系统配置数据库备份	将"C:\BSMN\"目录下的 x. mbd 网管配置文件备份到 C 盘以外的其他媒质(如软盘、D 盘、MO 等)上	备份过程正常
传输主机时间校正	进入接入网传输网管子系统,在[设置时间]对话框中选中"向所有网元发送"网元日期时间	返回操作成功 在[设置时间]对话框中再次查询网元时间,应该和国家标准时间完全一致
传输网元数据库备份	进入接入网传输网管子系统,选择[维护/网元数据库备份],将所有网元的数据库备份到 FDB0 和 FDBI 中	返回操作成功

季度维护内容　　表2-14

操作维护项目	系统维护项目
线缆系统	定期检查所有的内部线缆与外部线缆是否存在破损、老化、腐蚀、电弧灼伤等缺陷或隐患

年度维护内容　　表2-15

系统维护对象	操作维护项目	系统维护项目
系统维护	硬件维护	单板除尘（每年进行一次单板洁净度抽检）
其他设备	搭铁系统	定期测量通信局的联合搭铁的搭铁电阻值，要求小于1Ω

(3)接入网系统的维护见表2-16、表2-17、表2-18、表2-19。

日常维护操作　　表2-16

维护对象		日常维护内容维护操作	参考指标
告警管理系统	告警显示和声响提示	告警箱面板常用操作： [复位][停警音][清除]上、下键：选择网元号/端局号 左、右键：选择告警级别	1. 告警功能正常。 2. 查询正常，应无告警；如有告警，通过告警台查询和处理。 3. 系统中无未恢复的告警；如有告警，必须及时处理
	实时告警信息	在接入网终端的告警系统中[告警信息/实时告警信息浏览]功能下，查询系统中所有未恢复的告警信息	
接入网主机设备运行		进入接入网维护系统的[网元分布]主界面状态，在网元分布子窗口中观察每个网元的运行状态	网元图标应显示该ONU点的实际定义名称（参考数管台[拓扑结构表]）网元图标应与实际网元类型一致，网元运行正常时为绿色，故障时红色，离线时灰色
V5接口	V5消息统计维护项目	统计BCC—分配拒绝消息：在维护系统主界面/V5消息统计	正常情况应该没有该消息，如果出现异常消息需要分析接入网侧的资源状况等情况
	检查V5接口状态	在维护系统主界面[业务接口/V5系统]，在操作选项中选择[查询V5接口]	在V5接口状态栏中检查各协议数据链路状态应为链路已建立
	查询V5接口中所有的2M链路状态	在维护系统主界面[业务接/2M链路]，在操作选项中选择[查询]	在2M链路查询结果状态中检查所有链路的工作状态应为可用

月度维护操作　　表2-17

系统维护项目	操作指导	参考指标
BAM和WS的磁盘空间整理、碎片整理及查杀病毒 磁盘空间和碎片整理	检查BAM和WS上的硬盘可用空间，删除没有必要的一些备份文件或将备份文件转至其他磁介质上	硬盘的空闲空间应保持硬盘容量的一半
BAM和WS的磁盘空间整理、碎片整理及查杀病毒	在查杀病毒之前，一定要先做接入网终端数据库、传输网管子系统配置数据库的备份	消除计算机上的所有病毒
接入网网络时间校正	选择接入网终端软件的[开始/设定网络时间]，进入设定网络时间对话框。 选择在时间编辑框中输入正确的时间，然后按“设定”	回操作成功；在[设置时间]对话框中再次查询网元时间，应该和国家标准时间完全一致

续上表

系统维护项目	操作指导	参考指标
用户接口数据和半永久连接数据一致性检查	在数据管理系统中，打开[用户接口]/[基本速率端口表]或者[半永久连接]/[半永久连接表]，选择[操作]/[一致性检查]，然后选择需检查的模块号。对所有模块均作基本速率端口表和作半永久连接表的一致性检查	一致性检查通过
设备除尘	抽出设备各机柜中防尘板，清理干净积尘	无灰尘
电源线连接情况检查	检查防雷单元、电源模块等交流连线	连接安全、可靠；电源线无老化，连接点无腐蚀

季度维护操作　表2-18

系统维护对象	操作维护项目	系统维护项目
其他设备	线缆系统	定期检查所有的内部线缆与外部线缆是否存在破损、老化、腐蚀、电弧灼伤等缺陷或隐患
其他设备	搭铁系统	定期检查所有搭铁线各端子的接触、配合等是否良好，是否存在松动、腐蚀等缺陷
	防护装备	定期检查各机柜门能否被正常关闭
		定期检查机柜顶部和底部各电缆出口的缝隙是否被封堵到位
		定期检查机柜顶部、内部是否有异物坠入

年度维护操作　表2-19

系统维护对象	操作维护项目	系统维护项目
系统维护	硬件维护	单板除尘（每年进行一次单板洁净度抽检）
其他设备	搭铁系统	定期测量通信局的联合搭铁的搭铁电阻值，要求小于1Ω

（4）紧急电话系统的维护见表2-20、表2-21、表2-22。

日常维护　表2-20

序号	维护内容
1	清洁紧急电话控制台外部灰尘，保持紧急电话系统控制中心设备及机房整洁
2	检查紧急电话系统检查结果，发现问题立即处理

月度维护　表2-21

序号	维护内容
1	检查控制台外部接口与各设备之间的连接状况，断开市电，检查UPS切换是否正常
2	每两周巡检一次路侧紧急电话机，主要检查机箱内是否有虫鼠害，密封性能，外壳搭铁是否牢靠，门锁、按键是否完好。检查电话机的送、受话音质，电池供电电压是否正常，线路板是否受潮腐蚀
3	检查机房的消防设备是否完好
4	检查电缆接头部分和接线盒，保证电缆在紧急电话接线盒内的连接固定牢靠，外观无破损、无虫害，发现问题及时处理
5	每季度对紧急电话机进行一次声音声压级、待机耗电的电气性能检测，并检查避雷器是否完好
6	清理电话外部灰尘，保持太阳能电池板的清洁（如果有）
7	检查数据库记录数据的准确性，包括电话编号（里程桩号）、事件录入记录、通话录音等内容

年度维护

表 2-22

序号	维护内容
1	每半年检查一次电缆的标识、人井内的设施，及时更新标识，固定好子管堵头与品字架，电缆支架托板应该齐全完好
2	对紧急电话电缆电气性能进行一次全面的检测
3	作紧急电话机平台接地电阻测试（最好安排在秋冬季），并对裸露地线进行除锈刷漆处理
4	根据需要对紧急电话外壳进行刷新和标志更新，外壳破损应及时更换
5	对紧急电话呼叫中心管理机进行杀毒处理，删除垃圾文件，保证软件运行正常
6	每半年整理数据库数据并转存到相应介质进行存档保存

（5）光电缆系统的维护见表 2-23、表 2-24、表 2-25。

日常维护

表 2-23

序号	维护内容
1	抽检沿线手孔、人孔、光、电缆设施清洁和安全性

月度维护

表 2-24

序号	维护内容
1	检查系统的防雷搭铁连接是否正常
2	检查电缆接头部分和接线盒，保证电缆在紧急电话接线盒内的连接固定牢靠，外观无破损、无虫害，发现问题及时处理
3	检查机房电缆进线配线箱避雷器是否完好
4	清洁光缆各备用尾纤接头、法兰盘等，并对光缆的各备用纤芯作导通测试，对不合要求的纤芯则重新做好熔接接续

年度维护

表 2-25

序号	维护内容
1	每年（春末、初秋）对有电缆接头的人井内的积水抽水一次，积水严重的要经常性抽水，防止电缆接头长期泡在水中
2	每年检查一次电缆的标识，人井内的设施，及时更新标识，固定好子管堵头与晶字架，电缆支架托板应该齐全完好
3	对电话电缆电气性能进行一次全面的检测
4	对光缆的各业务和备用纤芯的性能参数做一次完整的检测和校正

（6）无线对讲系统的维护见表 2-26。

日常维护

表 2-26

序号	维护内容
1	不得使用除污剂、酒精等化学物品擦洗机身，否则会造成机身损坏，应使用棉布蘸水或中性洗涤剂清洁机身外壳
2	设备使用时轻拿轻放，不得手提手持机天线
3	不得使用非配套的附件，防止设备损坏

第四节　收费系统维护

一、收费制式和收费方式

我国的高速公路建设起步较晚，但发展的速度非常迅速。早期的高速公路建设都是国家直接投资，这严重制约了高速公路的发展，后来贷款、集资修建高速公路逐步放开，不论是何种投资的高速公路建成后均通过征收过路费的方式收回投资。目前我国的高速公路一般采用的收费制式和收费方式如下。

1. 收费制式

(1)均一式。不分车型，不计里程，采用一样的收费标准，一次性完成收费过程。这种收费制式多用于中短距离的高速公路。

(2)开放式。一般将收费口设置在主干线上，人为地将高速公路分成几个收费段，每段约30～50km，按车型收取通行费。

(3)封闭式。通常将收费口设置在出入高速公路的匝道上或起止点，按车辆类型和行驶里程(或区段)收费。这种收费制式多用于长距离高速公路上，我国的高速公路多采用这种制式，该制式收费较为合理。

2. 收费方式

(1)人工方式：人工判断型—人工计算距离—人工收费(现金支付)。这种收费方式基本上不采用收费设备，故投资少，造价低；但漏洞大，给收费管理带来很多不便。

(2)半自动方式：人工和/或机器分型—人工或/和机器发放通行卡—人工或机器读通行卡—人工收费(现金支付)—车辆检测器校核—计算机管理—CCTV 监控。这种方式采用人机相结合的方法，投资大，造价高，但通行费流失大大减少，漏洞会在一定程度得到控制。目前我国高速公路绝大多数采用这种收费方式。

(3)全自动方式：机器分型—机器发放或鉴定通行卡—机器收费(信用卡或预付卡)，可完全不用人参与。很显然这种收费方式自动化程度最高，但投资也最大，基本上不会有漏洞。

根据收费制式和方式的不同，所选择的收费通行券介质也不一样。通行券种类较多，一般按数据记录介质主要有印刷通行券(穿孔卡)、磁卡通行券、磁票通行券、IC 卡、非接触 IC 卡、条形码通行券和车载电子标签等。

①印刷通行券(穿孔卡)：在入口将车型和收费站口编号预先打印好或者根据这些信息进行穿孔，也可以实时打印上，在出口由人工或机器判读并计算通行费额，一般一次性使用。它有制作简单，成本低，收费处理简便。缺点是易于伪造作弊。

②磁卡通行券：可重复使用，运行成本低，存入的信息不可视性，安全性较好。缺点是投入成本高，管理工作量大，容易遭到人为破坏，读卡机磁头易坏，维护成本高。

③磁票通行券：价格较低，存入信息可自动读出，安全性较好，同时磁票具有可打印性，可在读卡机故障或磁票信息读不出时根据打印的信息进行人工收费。属于一次性通行券。缺点是磁卡机维护成本高。

④IC 卡：它是通过使用集成芯片来读写信息，可重复使用，营运成本低，存储容量大，使用寿命长，保密性好，但一次性投资较高。

⑤非接触 IC 卡：它也是通过采用集成芯片读写信息，具有 IC 卡相同的特点，更突出的是纯电子读写，无机械磨损，使用寿命更长。

⑥条形码通行券:在纸质介质上实时将车辆、入口等信息用条形码的方式打印上,同时打印明文信息,在出口,依靠条形码识读仪完成条形码的解读并收费。特点是管理简单、运营成本低廉等,同时支持人工解读,便于在机器故障时人工收费。

⑦车载电子标签:主要用于不停车收费。

二、收费系统的基本组成

根据不同的收费制式和收费方式,以及所采用的通行卡的不同,收费系统的设备配置也有所不同,但其功能基本相似。

(1)收费系统的基本组成,如图 2-5 所示。

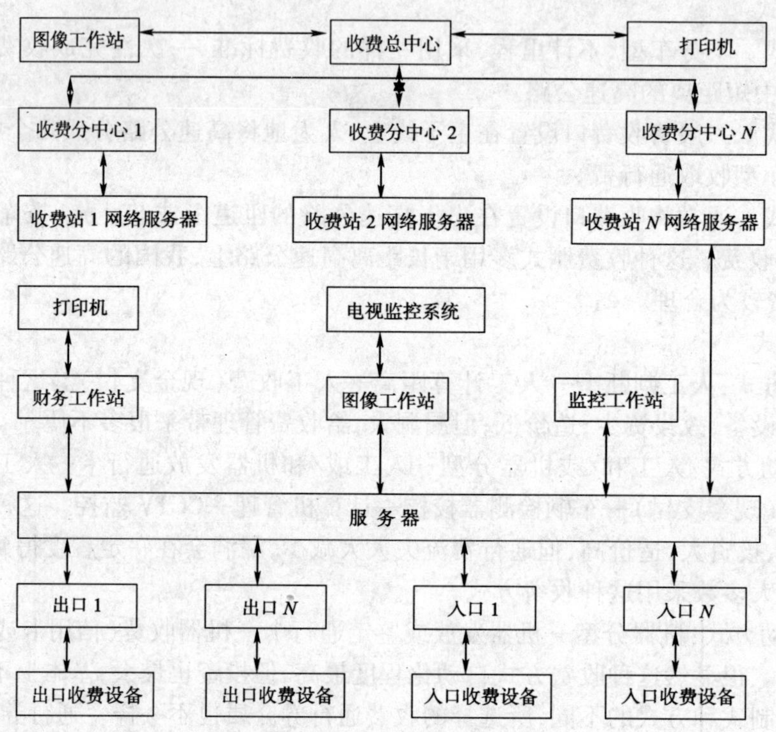

图 2-5 收费系统基本组成框图

(2)收费系统功能

根据收费系统构成框图,可以将收费系统分为四级计算机网络管理,即收费总中心计算机、收费分中心计算机、收费站网络服务器、收费车道控制机。

①收费总中心计算机。负责各收费分中心计算机的数据通信、统计、处理,打印各种报表,并能对分中心计算机发布指令,完成费率更新、人员变动等。通过图像工作站可以随时切换所有车道图像,进行实时监控。

②收费分中心计算机。负责所辖各收费站网络服务器的数据通信、统计、处理,打印各种报表,并能对收费站网络服务器发布指令,完成费率更新、人员变动等。

③收费站网络服务器。每一收费站为一独立分系统,它有监控工作站、图像工作站、财务工作站、车道控制机及各种外部设备。监控工作站为站值班员提供实时收费情况,并能向收费车道控制机发布指令。图像工作站对车道收费情况实时监控,并能存储、回放特殊收费事件,以备检查。财务工作站负责统计、查询、打印有关收费数据,为科学管理提供依据。

④收费车道控制机及外部设备。车道设备一般包括:车道控制机、收费员终端、操作台、收费专用键盘、车辆计数器、车道信号灯、收费亭及车道摄像机、通行券发放机(入口车道)、通行券阅读机(出口车道)、票据打印机、金额显示器等。每一车道也是一独立的分系统,收费车道控制机是车道设备的核心,它完成该车道的数据采集、处理、通信。并对其他车道外部设备实时检测、控制,完成一系列收费过程。

三、收费系统维护、养护

收费系统目前在我国应用较为广泛,基本上所有的高速公路都应用此套系统(也包括一些普通公路或桥梁、隧道等)。虽然它们的设备千差万别,但基本功能一样,就是提高车辆通行速度和堵漏增收,防止人为的作弊行为。

高速公路收费系统维护一般分为四级维护体制(一个大公司管理多条路)或三级维护体制(主要是针对一路一公司),这里主要阐述四级维护体制,其实三级维护体制和它没有大的区别,它只是将三、四两级维护合二为一。

根据系统设备维护、维修内容的简易程度并且根据设备所处的环境及使用对象将收费系统维护、维修分为A、B、C、D四个级别,其中A级维护由收费所人员负责,B级维护由收费所维护人员负责,C级维护由本条路机电技术维护部门管理人员负责,D级维护由总公司的机电技术部门负责。

(1)A级维护工作内容由收费所的收费人员、监控员和财务票管员负责,要求是在每班次上班前完成。它包括:

①收费亭内设备表面除尘。亭内卫生,收费员终端及内部对讲分机,语音发生器,金额显示器等。

②收费亭外设备表面除尘。自动栏杆,手动栏杆,车道信号灯等。

③监控机房设备表面除尘。控制台,内部对讲主机,监视器和录像机机架,配电箱、UPS主机、电池箱计算机主机及外设等。

④财务站机房设备表面除尘。

(2)B级维护工作内容由所维护员负责,维护员还应该督促检查维护完成情况。主要内容有:

①自动栏杆和车辆计数器维护,包括更换栏杆杆臂、调节机座和弹簧位置、复位车辆计数器(在其死机情况下)。

②读卡机和发卡机的维护,包括清洁磁头和传感器、取出塞在机子里的卡等。

③更换天棚信号灯和车道信号灯灯泡。

④每周维护一次配电箱以及车道设备表面卫生,如声光报警器、摄像机防护罩等除尘。

(3)C级维护、维修内容,它是由本条路的技术人员负责。负责检查、指导收费所维护员的工作,他更主要的工作内容是对部分故障设备进行维修和报告上级部门对设备进行维修。主要工作有:

①车道控制机的内部除尘清理,自动栏杆活动部位的润滑、弹簧的除锈上油等。

②读卡机和发卡机的维护、维修,车道控制机外围设备维护以及机房设备的维护与维修。并将故障设备现象及时记录上报。

③每月进行一次车道控制机及外围设备的状态测试,UPS设备内部除尘维护每月一次以及电池的定期更换。

(4)D级维护是由总公司技术人员负责,主要内容有:

①计算机及其软件维护，包括计算机内部除尘、硬盘维护和系统参数的检查与调整、数据备份和恢复。

②收费电视监控设备的维护。

③工业 PC 机维护每月一次。

④及时修复故障设备。

四、收费系统主要设备维护

(1)入口车道设备及软件维护见表 2-27、表 2-28、表 2-29。

日 常 维 护　　表 2-27

序　号	维 护 内 容
1	清除设备外表的灰尘
2	通风散热装置的保养
3	给设备机械部分提供基本的保护措施
4	给系统、设备进行常规故障处理，以确保系统正常运行
5	进行简单的易耗品更换

季 度 维 护　　表 2-28

维护对象	维护内容维护操作	验收参考指标
车道工控机	清洁工控机内部灰尘 清洁挡灰尘面板 检查软件运行情况	设备干净、工作正常 软件正常运行
车道控制器	清洁车道控制器内部灰尘 检查各外设接线是否牢固 控制车道各类设备	设备干净、工作正常 正确控制外设 正确检测设备状态
IC 卡读写器	检查天线和通信线端口连接是否牢固 检查读写器的读写灵敏度	设备洁净，设备工作正常 在规定距离和角度正常读写
雨棚信号灯	检查像素管光亮度 切换雨棚信号灯红色和绿色	200m 外清晰辨识 雨棚信号灯红色和绿色切换动作与命令一致
自动栏杆机	检查橡胶垫磨损状况和机械传动性能 检查齿轮和机械传动部位的润滑剂 检查电机是否有异常响声 测试栏杆机的防砸车功能和防撞动能	设备工作正常 抬杆、降杆动作与命令一致
车辆检测器	清洁车检器表面灰尘、油污 检查外部接线是否松动、虚接 检查线圈参数及灵敏度	设备工作正常 线圈电感量 70 ~ 100H 线圈电阻小于 10Ω
收费键盘	清洁键盘表面灰尘 检查键盘按键状况 检查键盘按键和回弹是否灵敏	按键灵敏、正常
显示器	调节光度、亮度	图像清晰，无抖动
系统检测	清除各逻辑盘临时文件、回收站文件、索引分类文件 整理各逻辑盘文件碎片	系统运行正常、稳定
操作系统维护	升级操作系统最新补丁 检查系统错误日志	操作系统运行正常
查杀计算机病毒	升级病毒库 进行病毒扫描、清除计算机病毒	无计算机病毒

年度维护　　表 2-29

序　号	维护内容
1	检查和校核各设备的实际运行详细参数
2	检查测试设备的搭铁参数

(2)出口车道设备及软件维护见表 2-30、表 2-31、表 2-32。

日常维护　　表 2-30

序　号	维护内容
1	清除设备外表的灰尘
2	通风散热装置的保养
3	给设备机械部分提供基本的保护措施
4	给系统、设备进行常规故障处理,以确保系统正常运行
5	进行简单的易耗品更换

季度维护　　表 2-31

维护对象	维护内容维护操作	验收参考指标
车道工控机	清洁工控机内部灰尘 清洁挡灰尘面板 检查软件运行情况	设备干净、工作正常 软件正常运行
车道控制器	清洁车道控制器内部灰尘 检查各外设接线是否牢固 控制车道各类设备	设备干净、工作正常 正确控制外设 正确检测设备状态
IC 卡读写器	检查天线和通信线端口连接是否牢固 检查读写器的读写灵敏度	设备洁净,设备工作正常 在规定距离和角度正常读写
雨棚信号灯	检查像素管光亮度 切换雨棚信号灯红色和绿色	200m 外清晰辨识 雨棚信号灯红色和绿色切换动作与命令一致
自动栏杆机	检查橡胶垫磨损状况和机械传动性能 检查齿轮和机械传动部位的润滑剂 检查电机是否有异常响声 测试栏杆机的防砸车功能和防撞动能	设备工作正常 抬杆、降杆动作与命令一致
车辆检测器	清洁车检器表面灰尘、油污 检查外部接线是否松动、虚接 检查线圈参数及灵敏度	设备工作正常 线圈电感量 70～100H 线圈电阻小于 10Ω
票据打印机	检查齿轮传动润滑剂 检查打印色带清晰度和打印头断针情况 检查打印端口是否可靠	票据打印机工作正常 打印信息清楚
费额显示牌	检查显示内容是否与命令一致 检查通行红绿灯切换是否与命令一致 检查是否有不亮点滴 检查语音报价器报价是否正确	显示与报价与命令一致

续上表

维护对象	维护内容维护操作	验收参考指标
字符叠加器	检查各接口是否牢固 检查输出波形和叠加字符	图像、叠加字符清晰
收费键盘	键盘表面灰尘 检查键盘按键状况 检查键盘按键和回弹是否灵敏	按键灵敏、正常
显示器	调节光度、亮度	图像清晰,无抖动
系统检测	清除各逻辑盘临时文件、回收站文件、索引分类文件 整理各逻辑盘文件碎片	系统运行正常、稳定
操作系统维护	升级操作系统最新补丁 检查系统错误日志	操作系统运行正常
查杀计算机病毒	升级病毒库 进行病毒扫描、清除计算机病毒	无计算机病毒

年度维护 表2-32

序号	维护内容
1	检查和校核各设备的实际运行详细参数
2	检查测试设备的搭铁参数

(3)收费站设备及软件维护见表2-33、表2-34、表2-35。

日常维护 表2-33

序号	维护内容
1	清除设备外表的灰尘
2	给系统、设备进行常规故障处理,以确保系统正常运行
3	客观参数指标如数据完整性监测
4	设备告警故障的检查
5	检查车道网络状况

季度维护 表2-34

维护对象	维护内容维护操作	验收参考指标
收费服务器	用吸尘器清洁电路板灰尘 清洁开关电源风扇灰尘和抽风板上的风扇灰尘 进行系统检测,查看服务器工作情况 清除风扇的灰尘 检查软件运行情况	设备干净、工作正常 软件正常运行
工作站计算机	吸尘器清洁电路板灰尘 进行系统检测,查看服务器工作情况 检查软件运行情况	设备干净、工作正常 软件正常运行

续上表

维护对象	维护内容维护操作	验收参考指标
IC 卡读写器	检查天线和通信线端口连接是否牢固 检查读写器的读写灵敏度	设备洁净，设备工作正常 在规定距离和角度正常读写
系统检测	清除各逻辑盘临时文件、回收站文件、索引分类文件 整理各逻辑盘文件碎片	系统运行正常、稳定
操作系统维护	升级操作系统最新补丁 检查系统错误日志	操作系统运行正常
查杀计算机病毒	升级病毒库 进行病毒扫描、清除计算机病毒	无计算机病毒

年 度 维 护　　表 2-35

序　号	维 护 内 容
1	检查服务器的网络服务
2	检查服务器运行日志
3	检查服务器硬盘空间
4	查杀计算机病毒

(4)收费分中心设备及软件维护见表 2-36、表 2-37、表 2-38。

日 常 维 护　　表 2-36

序　号	维 护 内 容
1	清除设备外表的灰尘
2	给系统、设备进行常规故障处理，以确保系统正常运行
3	设备告警故障的检查
4	检查全线网络状况
5	检查双机热备运行情况

季 度 维 护　　表 2-37

维护对象	维护内容维护操作	验收参考指标
收费服务器	用吸尘器清洁电路板灰尘 清洁开关电源风扇灰尘和抽风板上的风扇灰尘 进行系统检测，查看服务器工作情况 清除风扇的灰尘 检查软件运行情况	设备干净、工作正常 软件正常运行
磁盘阵列	查每块磁盘工作状态 双机热备切换	设备工作正常 磁盘无故障
工作站计算机	清洁表面灰尘 进行系统检测，查看服务器工作情况 检查软件运行情况	设备干净、工作正常 软件正常运行

续上表

维护对象	维护内容维护操作	验收参考指标
操作系统维护	升级操作系统最新补丁 检查系统错误日志	操作系统运行正常
查杀计算机病毒	升级病毒库 进行病毒扫描、清除计算机病毒	无计算机病毒

年度维护　表2-38

序　号	维护内容
1	检查服务器的网络服务
2	检查服务器运行日志
3	检查服务器硬盘空间
4	查杀计算机病毒

(5)IC卡及发卡编码系统维护见表2-39。

日常维护　表2-39

维护对象	日常维护内容维护操作	验收参考指标
工作站计算机	清洁表面灰尘 进行系统检测,查看服务器工作情况 检查软件运行情况	设备干净、工作正常 软件正常运行
IC卡编码机	清洁表面灰尘 检查编码机工作状态	设备干净、工作正常 连续编码,编码正确

(6)闭路电视监控系统维护见表2-40、表2-41、表2-42。

日常维护　表2-40

序　号	维护内容
1	清洁设备表面灰尘
2	各部位开关、转动情况检查
3	给系统、设备进行常规故障处理,以确保系统正常运行

季度维护　表2-41

维护对象	维护内容维护操作	验收参考指标
亭内摄像机	清洁摄像机护罩灰尘 检查摄像机温度 检查图像清晰度	设备干净、工作正常 图像清晰
车道摄像机	清洁摄像机护罩灰尘 检查摄像机温度 检查图像清晰度	设备干净、工作正常 图像清晰
广场摄像机	检查图像清晰度 外场设备安全保护搭铁电阻的检查 检测图像的输出波形及电压	设备干净、工作正常 图像清晰 安全保护搭铁电阻≤4Ω 防雷搭铁电阻≤1Ω

续上表

维护对象	维护内容维护操作	验收参考指标
云台、解码器	调节云台水平、垂直转动情况	能正常驱动镜头、云台、雨刷动作，能控制信号电压
切换矩阵	检查控制键盘图像切换功能 检查报警自动切换功能	正确切换各图像画面 自动切换报警画面、控制自动录像
光端机	检查光端机输入电源电压和温度、接口清洁情况 检查图像传输情况，中心控制摄像机情况	光端机输入电源电压和温度正常，接口尾纤清洁牢固 接收图像清晰、可控制摄像机
监视器	显示器清洁 检查 CRT 显示的图像 检查显示器色度、亮度	色度、亮度正常可调 图像清晰

年度维护　　表 2-42

序　号	维护内容
1	清洁设备电路板灰尘
2	检测设备运行状态
3	清洁尾纤接头
4	测试设备防雷搭铁电阻与安全搭铁电阻

(7)内部有线对讲、紧急报警系统维护见表 2-43、表 2-44。

日常维护　　表 2-43

序　号	维护内容
1	给设备进行常规故障处理，以确保系统正常进行
2	随时检查呼叫通话质量

季度维护　　表 2-44

维护对象	维护内容维护操作	验收参考指标
有线对讲主机	检查主机工作状态	正常运行、可按键通话、可全部分机呼叫、语音清晰、无杂音
有线对讲分机	检查分机工作状态	工作正常、可按键通话 语音清晰、无杂音
报警主机	检查脚踏报警时间、自检脚踏开关	工作正常、能向 CC9V 系统输出报警信号

(8)计算机收费软件与网络维护见表 2-45、表 2-46、表 2-47。

日常维护　　表 2-45

维护对象	日常维护内容维护操作	验收参考指标
车道收费软件	检查车道收费模块运行情况 检查车道收费模块控制外设情况 检查收费流水、工班上传情况	正常运行、有效控制外设 收费流水全部完整上传
参数管理模块	参数管理运行情况 设置、查询、下发各种参数	工作正常、可进行各种营运参数年的设置、查询、下发

续上表

维护对象	日常维护内容维护操作	验收参考指标
监视监控模块	监视监控模块运行情况 车道操作信息上传情况	工作正常、操作信息实时上传
图像稽查模块	图像稽查模块运行情况 检查各种稽查功能	运行正常、可进行各种稽查
业务报表模块	业务报表运行情况 核查各种数据是否准确	正常运行、数据准确
交接班模块	交接班模块运行情况 检查交接班各种功能	正常运行、能完成交接班登记
数据备份与浏览模块	数据备份及浏览模块运行情况 检查备份及浏览	正常运行、能备份、浏览数据
IC卡管理模块	IC卡管理模块运行情况 检查比卡片制作功能 检查IC卡查询功能	正常运行 能制作各种卡片 能查询到IC卡信息
数据轮循、同步模块	检查轮循、同步运行情况 检查同步日志	正常运行、收费流水实时上传
收费系统时间同步模块	各工作站时间与服务器时间一致 各工作站可以接收服务器时间	正常运行、时间一致
数据库性能维护	检查维护计划 删除空数据库页、压缩数据文件 重新组织数据和索引页上的数据 更新索引统计	数据库运行正常、查询快速
数据库完整性检查	对数据库内的数据和数据页执行内部一致性检查	数据库完整、无错误
执行数据库备份	制定备份策略 查看备份记录、文件	数据库正常备份
网络性能测试	检查网络状态 运行繁忙测试 PING测试	网络性能可靠、稳定

季度维护 表2-46

序号	维护内容
1	检查收费软件的运行日志,及时处理出现的问题
2	核对原始收费流水,检查上传的流水是否一致
3	核对收费流水拆分情况,检查拆分的流水是否一致
4	检查收费网络运行情况
5	检查收费数据库备份情况

年度维护 表2-47

序号	维护内容
1	核对收费软件的运行日志
2	核对收费流水及拆分账数据
3	重启网络服务、后台通信服务
4	制订数据备份计划

第五节 供配电及照明系统维护

随着高速公路在我国的迅猛发展,车流量的增加,科学化的高速公路交通管理系统显得越来越重要。而供配电系统则是整条高速公路交通管理系统的心脏,因此,管理人员必须深刻认识到供配电系统的设计、维护的重要性。

一、供配电及照明系统的构成

1. 高速公路供电负荷级别

高速公路供电对象主要包括:机关办公楼、收费所、中心机房、路面监控设备、通信设备等。收费所包括:收费系统设备、收费亭、收费顶棚、广场、信号灯等。按照各用电场所功能不同可分为三级用电负荷:一级供电负荷,主要有路面监控设备、通信设备、中心机房、收费系统设备以及信号灯、自动栏杆、车道照明等;二级供电负荷,主要有隧道照明、匝道照明、收费雨棚照明、收费广场照明、食堂(电饭锅、冰柜等)、水泵房(水泵、无塔送水器)、监控机房照明,财务机房照明等;三级用电负荷,主要有办公楼(空调、照明等)、宿舍楼(空调、照明、插座等)、食堂(电热水器、空调、照明等)、公共厕所。

2. 高速公路供配电系统基本配置

一级供电负荷的供电量是不允许中断的,根据高速公路用电的特殊性,由于一级供电负荷一般在35kW左右,所以现一般不考虑双回路高压供电方式,而采用一路市电加二台自备发电机组UPS电源(放电时间2h)来保证的。二级供电负荷采用一路市电加自备柴油发电机来保证,主要的供配电设备有:变压器、变流配电屏、柴油发电机组、稳压电源、UPS电源、电力电缆、配电箱等。为了保证一、二级供电负荷的供电,在同一室内或同一地点采用两根电力电缆供电来保证供电级别不混淆。为了保证供电质量,一、二级供电负荷须经过稳压电源后供电。

3. 配电房供配电系统主要设备功能

(1)电力变压器

电力变压器是将高压变成低压。现配电房一般采用油浸式电力变压器,安装在室外。油浸式变压器除了有变压器油、油本身需要干燥和密封;另外,其容量大,附件较多;加之高压边电压高,安装工作比干式变压器复杂,但价格比干式变压器低得多。

(2)低压成套开关设备(简称低压配电柜)

低压配电柜是用来接通、控制1000V以下电源供给各种用途的电气装置。低压配电柜是由下列各种系列的电器组件组成:刀开关、空气断路器、熔断器、继电器、接融器、电压(电流)互感器、磁力启动器、组合开关、避雷器、按钮、电度表、电压表、电流表、柜体、汇流条等。目前应用的配电柜有:固定面板式开关柜(PGL)、封闭式动力配电柜(GBL)、抽屉式成套开关柜(GCK或GCL)、抽屉组合式开关柜[DOMINO(多米诺)、CUBIC(科必可)],现在一般应用GCK及GCL屏代替PGL屏。

4. 照明系统主要设备构成

高速公路照明设备主要用于:办公照明、收费亭内照明、车道照明(顶棚照明)、收费广场照明、服务区照明、隧道照明、互通立交照明等。其中办公照明、亭内照明和我们生活中照明差不多,而广场照明、服务区照明、互通立交照明一般均采用中杆(8～12m)或高杆(15m以上)照明灯具,其结构也复杂多,高杆灯具一般均须升降装置。其灯泡多采用钠灯,它有其一定的优势就是使用寿命较长,可以免去一定的维修时间。

二、供配电及照明系统维护

供配电及照明系统的维护一般分为日常维护、定期维护和故障处理。

1. 日常维护

日常维护包括配电房卫生打扫,柴油发电机组的表面除尘、除污,配电柜表面除尘等。同时还要观察配电柜各种仪表的读数,各用电回路空气开关是否异常等。认真记录各种数据,做好每天的工作日记。

2. 定期维护

(1)每月至少两次起动柴油发电机组进行带负荷运行1h,每周对发电机的碳刷和扼磁部分进行清洁,并及时调整好碳刷位置,让其保持良好的接触。每年进行一次柴油发电机组的保养。

(2)为保证收费广场的照明度,每月应及时更换坏灯泡。对于亭内照明和顶棚照明应随时更换坏灯泡。

(3)隧道照明可每周进行一次维修,包括更换灯泡、线路检修、分配电柜的维护等。

(4)互通立交照明可每月进行一次维护。

(5)高杆灯具每年应进行两次升降装置的维护,调整好灯头、缆绳等,对于限位开关要及时更换,滑轮有进行除锈上油。

(6)配电柜根据配电房的环境定期进行内部除尘,也可用带电清洁剂进行清洗。每年进行一次所有大用电设备搭铁检测,不符合要求的应及时进行处理。配电柜维护主要有:自动空气开关的维护,包括开关触头表面的是否光滑、是否烧伤等,灭弧罩是否损坏,摩擦部分定期涂润滑剂等;电力电容器的定期检查,箱壳是否膨胀和内部是否有响声等,如有应及时更换,其是否在三相平衡下工作以及接触点是否接触牢靠等。

(7)根据变压器的不同类型进行适当的维护。包括:变压器绕组绝缘测试,在变压器运行前和长期停用后应检测绕组绝缘;变压器负载的监视,每天在不同的时间段记录仪表读数并绘制曲线,以便检查负载运行状况;对变压器油温的检测和声音的检查,还有油箱的搭铁是否完好。

(8)避雷器的维护。每月应检查瓷套是否完整,水泥结合缝及其上的油漆是否完整,连接导线和避雷器的搭铁引下线是否有烧伤痕迹;每年在雷雨季节前应对避雷器进行预防性试验等。

三、供配电及照明系统主要设备维护

(1)变压器的维护见表2-48、表2-49、表2-50。

日常维护　表2-48

序　号	维护内容
1	监视变压器是否定额运行，超差值是否在允许范围以内
2	变压器运行声音是否正常
3	观察储油柜油位，油面高不应低于油面线
4	观察油温是否超标，油色有无变化
5	检查是否有渗油、漏油现象
6	检查套管有无裂痕和放电痕迹及其他异常现象
7	搭铁线及其他附属设备的状况是否正常，清除设备外表的灰尘

外部巡视检查的一般项目　表2-49

序　号	维护内容
1	有无漏、渗油，油面、油温是否正常，有无异味等
2	套管是否清洁，有无裂纹、损伤、放电痕迹，耐酸胶垫有无脆化、破损等情况
3	变压器音响是否正常
4	二次熔丝容量是否合适，各处接点有无烧损现象
5	二次引线及母线有无异状，与其他导线有无接触的可能
6	变压器台架有无柴草、杂物堆积，围栏是否安全可靠
7	铭牌及其他标志是否齐全，有无锈蚀现象

绕组及绝缘的故障及原因　表2-50

故障种类	现　象	可能原因	判断方法
匝间短路及层间短路	异常发热，油温升高 电源侧电流增大，且不平衡 油枕盖上有黑烟 气体继电器动作。高压熔断器熔断、保险脱落 内部发出特殊的“嗞嗞”声	变压器进水、浸入绕组 制造时绕组匝间绝缘有损伤 绝缘老化，局部绝缘能力下降 大电流冲击，造成局部匝间绝缘损伤	观察外接仪表 听内部声音 停电测三相电阻 测匝间耐压，查看放电波形
绕组对地（铁心、夹件、油箱等）短路，相间短路	熔断器熔断，保险脱落 短路时有较大声响 气体继电器动作，安全气道膜片破坏、喷油气 无安全气道和气体继电器的变压器，可能使箱体变形甚至破坏 导电异物进入线圈内	变压器油严重受潮或存有较多的游离碳 绝缘严重老化或遭到机械损伤 由于漏油使引线等露出油面，绝缘距离不足而击穿 各种过电压造成击穿	现象明显，一看便知
断线	发出放电声 输出缺相或三相电压严重不平 输入缺相或三相电流不平 强烈的机械损伤	线路连接点不实，特别是焊接点不良 各种过电压使线路薄弱部位由过电流烧断 匝间、相间、对地等故障使线路切断	观察仪表的示值 用仪表测量各绕组的通断情况

（2）负荷开关的故障及排除方法见表2-51。

负荷开关的故障及排除方法　表2-51

序号	故障现象	故障原因	排除方法
1	合闸后一相或两相不通电	夹座弹性消失或开口过大，使闸刀（夹座与动触头）不能接触	更换夹座
		熔体熔断或虚接	更换熔体
		夹座和动触头氧化或有污物	清理夹座和动触头
		电源进线和出线头氧化，接触不良	检修电源线和引出线
2	夹座过热或烧毁	开关容量选择得太小	更换各容量较大的开关
		分合时动作太慢，形成电弧烧坏夹座和动触头	操作时需正确操作
		夹座表面烧毛	锉和打磨修理
		动触头和夹座压力不够	加强夹座的压力
		负载过大	减轻负载或选用较大容量的开关
3	半封闭式负荷开的手柄带电	外壳搭铁不良	检修搭铁线
		电源线外壳绝缘破损并碰到外壳	更换电源线

（3）空气断路器的常见故障和排除方法见表2-52。

空气断路器的常见故障和排除方法　表2-52

序号	故障现象	故障原因	排除方法
1	手动操作后，断路器合不上	欠电压脱扣器无电压或线圈开路、短路	检查电路的电压或更换检修线圈
		储能弹簧变形，使闭合力量不够	更换储能弹簧、恢复闭合力量
		反作用弹簧力量过大	减小反作用弹簧力
		机械机构不能复位再扣	检修或更新操作机械机构
2	电动操作后，断路器合不上	电动操作电源电压太低	提高电源电压
		电磁铁拉杆行程不够	调整行程或更换拉杆
		电动机操作定位开关错位	调整操作定位开关
		控制器中二极管或电容损坏	更换二极管或电容器
3	分励脱扣器动作时断路器不能分断	线圈匝间短路	更换线圈
		电源电压过低	调节电源电压符合要求
		螺栓松动	紧固螺栓
4	欠压脱扣器动作时断路器不能分断	反作用弹簧力量小	调整弹簧力量
		储能弹簧力量小	更换储能弹簧或调大弹簧力
		机构卡死	修理机械机构
5	欠压脱扣器噪声大	反作用弹簧反作用力太大	调小反作用力弹簧力
		铁芯工作极面吸合不实	加些润滑机油
		短路环开裂	检修短路环或更换铁芯
6	断路器发热	触头压力太小	调大触头压力
		触头表面磨损或接触不良	更换触头或清理触头
7	断路器误动作	整定电流值调错	调大整定电流
		锁链或搭钩磨损	更换锁链或搭钩

(4)接触器的常见故障和排除方法见表2-53。

接触器的常见故障和排除方法 表2-53

故障现象	故障原因	排除方法
线圈通电后接触器不动作或动作不正常	电源电压过低 线圈断线 线圈技术参数与使用条件不符 接触器运动部分卡阻、弹簧反力过大、转轴锈蚀或歪斜 线圈或骨架外力损伤 使用频率不对	调整电源电压 用万用表测量后调换线圈 调换线圈 除排除卡阻物,调整弹簧、除锈、加油、紧固
线圈断电后接触不释放或释放缓慢	触头熔焊 铁芯表面有油污 型铁芯中柱去磁气隙消失、剩磁增大 触头弹簧压力过小或反作用弹簧失效或损坏 机械部分卡阻、转轴生锈或歪斜 直流接触器的非磁性垫片磨损或脱落	拆开触头、打磨修理或更换触头 清理铁芯极面 更换铁芯 调整或更换反作用弹簧 排除卡阻物,除锈、加油、找正 调整非磁性垫片
触头熔焊	操作频率过高或过负载使用 负载短路 触头弹簧压力过小 触头表面不光滑、接触不良、恶性循环 线圈电压过低、吸合不良 机械部分卡阻	减小负载、选择合适容量的接触器 排除短路故障,并更换触头 调整触头弹簧压力 修整触头表面或更新 调整电源电压 排除卡阻物
运行中噪声大	电源电压过低 短路环断裂 铁芯机械卡阻 铁芯极面有油垢或磨损不平 弹簧压力过大	检查和调整电源电压 调换铁芯或短路环 排除卡阻物 用汽油清洗极面或更换铁芯 调整触头弹簧压力 经常加以少许机油在铁芯表面是消除噪声的有效办法
线圈过热或烧毁	电源电压过高或过低 线圈匝间短路 操作频率过高 线圈参数与实际使用条件不符 铁芯机械卡阻 铁芯极面不平或剩磁气隙过大 环境潮湿或空气中含有腐蚀性气体	调整电源电压 找出原因并更换线圈 调换合适的接触器 调换线圈或接触器 排除卡阻物 清理极面或调换铁芯 改用排特殊绝缘线圈或采取防腐防潮措施
相间短路	相间绝缘损坏 相间导电尘埃堆积或潮湿 可逆转换接触器连锁不可靠或铁芯剩磁过大,致使两台接触同时投入运行引起相间短路	更换炭化后的胶木件 经常清理、保持清洁、干燥 加装可靠的电器联锁及机械联锁,对剩磁过大的接触器修整铁芯或更换新品

(5)柴油发电机组的维护见表2-54。

柴油发电机组的维护 表2-54

序　号	维护内容
1	检查冷却液容量,不足时添加
2	检查曲轴箱内机油平面,不足时应按照规定添加机油
3	量度电池电压
4	检查各传动皮带是否松动并调整
5	检查各电气线路或插件是否牢固
6	检查柴油机上各附件装置的正确性及牢固程度
7	检查柴油地脚连接的牢固情况及柴油机与从动设备的连接情况
8	检查喷油泵传动连接器上分度线的相关位置是否变动(即喷油提前角是否变动)
9	保持柴油机整洁,尤其是电器设备的清洁
10	将水箱及风扇上的尘埃擦干净或用压缩空气吹净
11	开动发电机组,观察机油压力、水温、电压、频率、转速等是否正常以及各仪表是否完全
12	消除柴油机漏油、漏水及漏气现象
13	消除其他发现的故障及不正常现象
14	停机后保持燃油箱内充足油量,使之充足沉淀以备后用

(6)照明控制和维护。

隧道内部亮度应根据洞外亮度进行调节,才能满足技术要求和减少维持费用。

隧道照明控制需要以灯具的合理布设为基础。可以将隧道照明灯具划分为两集群:A群24h连续照明,将洞外亮度变化范围划分成有限级数,级数与B群独立组数相等。按洞外亮度级别,分别接通或关闭相应回路,就可得到满意的控制效果。

道路、立交和广场等处下半夜交通量锐减,可以降低照明水平。灯具布置分为两个独立回路,一个控制下半夜,两个共控制上半夜。可采用手动或定时控制实现照明水平的变更。

灯具在恶劣环境下工作,灯泡、反光器和透光罩等器件极易黏附烟尘和老化,使光通量迅速下降。经常擦拭、保养非常必要,避免和减少保养工作对交通的影响具有现实意义。保养灯具和更换灯泡要在一定的高度下进行,目前急需一种不影响洞内交通又便于移动的高空作业工具。

灯具供电线路常见故障是电线发生断路,或线路短路、漏电造成照明电源出线柜断路器跳闸使灯具熄灭,必须由专业技术人员,通过检查、测试找出故障原因,经妥善排除,才能重新合闸供电。

第三章　交通服务设施养护

第一节　服务区设施养护

服务区设施，一般包括为过往车辆、旅客提供食宿、休息和车辆停置、加油、修理等服务区设施，以及为汽车出入所设收费设施（收费广场、收费站、收费亭），还有管理机构的生产和生活设施等。

一、保持环境清洁

搞好服务区、收费站（收费广场或收费亭）、管理机构办公及生活区等的环境清洁卫生，为驾乘及管理工作人员提供一个舒适、良好的休息场所和工作场所，以解除连续高速行驶给驾乘人员带来的疲劳与紧张，保证车辆在高速公路上安全行驶，是高速公路养护工作的重要内容之一。

服务区、收费站、管理区是人群和车辆活动相对频繁集中的地方，为了保持整洁美观，应安排专门的清洁工经常进行清扫或冲洗，使清洁养护成为一种经常性、长期性和连续不间断的日常工作。

（1）高速公路管理部门可根据服务区、收费站、办公区域场地规模的大小，设立1～4名清洁工负责打扫环境卫生。清洁工应选用责任心强、能吃苦耐劳、不怕脏、不怕累的人员担任。在进行清扫作业时，清洁工应穿着明显的标志服，还应根据每日车流量大小和旅客滞留多少的情况，尽量避开高峰期，选择驾乘人员离开服务区后的时机进行，或者抓紧早、晚车稀人少的时间进行清扫。

（2）凡需要清扫或冲洗的部位，每天要进行多次清扫或冲洗。服务区场坝、收费广场、管理区等所属范围庭院每天最少应清扫两遍；场内杂物应及时整理、清除，要保持场区无白色垃圾，无废弃物，无积水、积雪。收费亭、收费道口车道、安全岛等也应及时清扫或冲洗，保持整洁无杂物。

（3）场区内的公共设施应定期清洗、擦拭。各种经营店面的招牌、字符等应保持洁净；区内设立的各种标志牌版面，每周必须擦拭一次。各种照明设施也应每周擦洗一遍，随时保持明亮清洁。

餐饮、商店、住宿部位，是生活及休息的场所，室内外要求清洁卫生；其墙壁上可装挂卫生部门颁发的《卫生许可证》，张贴《中华人民共和国食品卫生法》、《饮食卫生"五四制"》等规范的宣传标语和图画，以及有关管理规章制度；餐厅应设专用消毒间（或消毒柜）等。一切都应按照相关的行业标准要求执行，使驾乘人员有一种温馨如家的感觉。

餐厅、客房、商店等营销场所，对清洁卫生要求很严格，必须有专人分管，各司其职。餐厅的食物制作与存放要执行《食品卫生法》，厨房做到饮食卫生"五四制"，餐具做到"一客一消毒"。客房达到"三无"（无积尘、无杂物、无异味）、"六亮"（玻璃、灯具、镜面、电器、地面、卫生设备干净明亮）的标准；床上用品应一客一换，消毒洗涤。商店的物品应分类分开摆放。所有营销场所内均应做到无蝇、无蚊、无鼠、无蟑螂。

公共厕所应有专人每天负责打扫，及时消除污物，定期洗刷，做到每周消毒一次，保持地面无积水、无污渍、无杂物、无异味，保持内外环境清洁卫生。厕所墙壁和装饰材料应保持干净清洁，若被污染应视污染程度，采用化学洗涤剂(如草酸)刷洗，或用机械喷水冲洗。

在加油站、维修站等处，应设置明显的行业徽记或招牌。徽记和招牌的版面应规范，尺寸不超过60cm。还应根据行业需要，在站内设置明显的禁火标志，防火、灭火的规定、须知，张贴防火、灭火的宣传标语图画。禁火标志应鲜明、清晰、易识别，防火宣传资料等应整齐规范。

加油站的车辆通道，每天应清扫两次，清除所有的障碍和杂物，保持进出车道畅通。经常检查更换消防设备和器材，严格出入人员防火纪律，经常检查油料装、卸、保存的安全规程执行情况。

车辆维修站内，应保持场地清洁，各种维修设施及工具摆放整齐，维修车辆停放有序。

停车(洗车)场地，每天最少清扫两次。停车标线若受到污染，应及时清洗。标线如有缺损脱落应及时涂刷、修补恢复，保障车辆规范停放。另外，车辆停放须有专人指挥。洗车场应设备完好、水压充足，必须保证排水畅通，无积水污物，特别要注意不能影响服务区场坪的使用。

(4)服务区中养护维修生产，对环境影响较大，应注意维修工具房和材料库房的清洁卫生。由库房保管员专门负责打扫。保管员要按照妥善保管、方便使用的原则将各种工具架设摆放整齐，每天收工后应将工具擦拭干净，清检放入原架位，保持库房整洁。养护材料中不能日晒雨淋的材料，须入库码放整齐，便于取用；可露天堆放的材料应按其使用量和使用频率的大小，放在人群不常去、车辆便于装卸的较隐蔽部位，堆码整齐，方便使用。每天工作人员的出工、收工在取、存材料后，要将料堆附近场地清扫干净，以保持整体场区环境清洁。

(5)在气候干燥季节或地区，为防止清扫作业产生灰尘污染环境、影响场区人群、危及行车安全应先洒水后进行清扫。清扫出的垃圾不能随意倾倒，应统一收集入垃圾桶(垃圾袋、垃圾库)，运到指定地点或垃圾场进行集中处理销毁，避免造成环境污染。

(6)当场区被油类物质或化学药品污染时，除用水冲刷外，必要时应用中和剂或其他材料进行酸洗(用盐酸、磷酸、其他有机酸作清洁剂)、碱洗(用10% KOH或NaOH溶液作清洗剂)。如果污染特别严重不能自行处理时，应立即通知当地消防部门请求帮助解决。

(7)为保持环境清洁，应注意对排水设施的检查和维修。对服务区周边的明沟或暗沟应经常疏通清淤，定期清除杂物；对洗车场集水井或沉淀池内的淤泥，应在泥浆固结前予以清理，保持排水畅通。若检查发现排水设施结构破损，如沟壁产生裂缝、渗漏、塌陷等，就应及时修复，确保其正常排水功能的正常发挥。特别注意所有从排水设施中排出的水，不得冲毁农田或其他建筑物，不得污染环境。

(8)污水处理的处理方式，可分为一次处理、二次处理、三次处理。一次处理是将流入的污水，经物理性沉淀，由嫌气性细菌消化分解，成为无气化或气体化的处理方法。二次处理是利用生物学上的好气性生物氧化污水，使水中的浮游物、溶解性物质、氨等安全地变化为稳定形态，是使污水净化的处理方法。三次处理的建设及维修费用高，且管理人员较多，如无特别原因一般不采用。

服务管理设施的污水处理一般采用合并处理方式，一般是长时间通风型二次处理方式。

二、注意绿化、美化服务区

服务区的绿化工作，对于环境保护、改善驾乘人员的视觉印象、表现当地人文景观、体现高

速公路营运管理水平等,都有着不可低估的作用。

高速公路养护管理部门应根据实际情况,适当配置绿化技术人员或绿化工,负责各区域的绿化工作。俗话讲"三分栽、七分管",绿化效果的好坏,不仅取决于前期的规划设计、栽植,而且还取决于后期的维护管养是否适时得当。因此,必须聘用有专业技术的工人进行绿化管护。

(1)为把服务区建成使用者在休息、散步、轻运动或就餐时能够充分利用的场所,要设法运用林业造园技术来绿化美化服务区。通过服务区的绿化美化,要创造出一种风景秀丽、山水迷人的幽静氛围,让驾乘人员有一个非常优雅的休息环境,使他们在此能得到充足休息,消除潜在疲劳,以减少事故发生,保障行车安全。

(2)为保护环境,应尽可能多地扩大绿地植被,要求庭院绿化面积应达到区域面积的40%以上。服务区的绿化可以植物造园为主,多设置一些美观实用的景观,适当衬以园林小品;地面栽植草坪、花卉,点缀针、阔叶树,使人能在短时间内统览整个景观,争取达到见效快、寿命长、四季有景的绿化效果。

(3)为美化环境,需做好服务、办公区内的景观绿化工作。一般服务区和办公区景观要求较高,可优先选择乡土植物,适当偏重常绿和花卉种类。在植物配置时将乔木、灌木、花卉、草坪等结合在一起,创造出三维立体的空间层次,并可利用植物花朵、叶色、枝条等变化,组成时空丰富多彩的四维环境。

在对景观点绿化,进行整形修剪时,应注意与区内环境中的建筑物、园林小品、地形地貌相结合,做到造型各异、丰富多彩、美观大方。

(4)为创建舒适的生活环境,庭院绿化可栽植具有观赏和经济价值的乔木、灌木、花、草以及珍贵树种和果树;在休息区或建筑窗下,还可栽种些桂花等香味植物。有条件时还可利用假山、水池、花坛、草坪等多种形式,构成立体的绿化艺术群,创建出四季常青、常年有花的优美环境。

(5)为增加绿化面积,可采用嵌草砖铺装停车场。混凝土砖占地面50%左右,中间空洞部分种草,当丛生的草向周围覆盖后,整个场地就像是"活的绿色混凝土"。其他场地可使用彩色水泥砖铺设,以彩化地面,美化环境。

三、定期检查维护服务区设施

(1)对场区路面的病害,如裂缝、破损、塌陷、胀缝填料脱落、断板等情况,每年必须进行相应的处理或修补。服务区广场内喷刷的停车方位线应明显、规范、整齐划一。标线如有局部缺损(漆膜脱落)或被覆盖,应及时修补涂刷,恢复如新。

(2)对收费站、服务区和生产、生活区域内的所有公用设施,每年最少要普遍检查一次,发现损坏应及时维修、更换。要保持设施完好,满足使用要求。站区内的通信设施(电话、无线电联络系统)装置要完好,电话机及其线路应经常检查,确保通信线路随时畅通。站区各场所的供水系统须正常完好。对上下水管道、阀门、水龙头嘴等应每年检查一次;对厕所的供水设施应每半年检查一次。如发现有损坏或失去功能的部分应及时维修,对损坏的零(配)件要随时更换,必须保证上下水管道等供水设施的水流畅通。

对各种设施器材均应配足备件,如有故障应及时维修或更换零、部件,以确保其正常使用。

(3)对收费站(亭)雨棚要经常注意观察有无裂缝、变形,一经发现应及时维修,以确保雨棚良好,无渗漏现象。

对收费站的各种电气开关及继电保护元(器)件,每季度要检修一次。红绿信号灯、票亭照明及办公楼内的照明设施等出现问题要及时维修,并根据使用情况每两年大修一次。

照明设施中灯泡损坏较频繁,发现后必须及时进行检修,更换灯泡,保持亮灯率。

对站区的各种电机、电源、供电线路等应每年作一次彻底检查保养,以保证电气设备安全运行。在对电气装置的安装、检修、调试和维修保养工作中,应严格按照《电气装置安装工程施工及验收规范》(GB 50254—96)的要求进行,确保安全和工作质量。

(4)对加油站、沥青加工房和餐饮、住宿等各种建筑场所。应严格执行《建筑灭火器配置设计规范》(GB 50140—2005),按规定配备消防设施、设备。要定期检查消防设备的数量及设施完好情况,灭火器药剂须按规定定期更换、补充。

(5)收费广场(收费站、收费亭)应根据建筑结构的具体情况,对收费雨棚的天花板采用铝合金扣板或其他材料进行装修:对雨棚亭柱采用花岗石或大理石贴面;对收费亭和安全岛周边的地脚可铺设地砖;对收费办公房屋,可参照机关办公房屋进行室内外装修,还可适当摆放些盆景进行点缀,使得环境幽雅而舒适。

收费安全岛(分流岛)的表面,可采用黄、黑色或红、白色油漆涂刷成斜向45°斑马线,在漆面撒上玻璃珠反光;也可用红、白色(或黄、黑色)瓷砖镶贴成斑马线形状;还可采用双色的反光膜贴面成斑马线状。使用油漆涂刷的应每半年维修刷新一次;使用瓷砖或反光膜贴面的,应注意随时检查其反光效果并及时修补损坏部分。

对采用圬工建筑的收费亭,应每年将亭表面修饰一新。对收费亭外围的钢质护栏,应半年检修刷新一遍,对亭边警示标柱(示警桩),应用间隔20cm宽的红、白色(或黄、黑色)反光膜贴面装饰。当护栏或警示标柱被损坏时,应及时维修更换。

收费广场的安全隔离墩或隔离栏杆,应半年油漆刷新一次。隔离设施上应贴反光膜。反光膜或隔离设施若被损坏,应立即修补或更换。

收费棚上的站名大字、收费道口的栏杆机、收费广场的引道灯(防雾灯)等,每年应用相应的材料刷新一遍,若有损坏应及时修复或更新。收费站名大字,可在字周装配闪烁霓虹灯,以加强夜间可视效果。

(6)收费广场(收费亭)不得任意张贴标语口号,经上级主管部门同意设置的广告牌,其版面尺寸应符合规范要求,位置准确、醒目。各种广告牌均不得影响车辆正常进、出站行驶,不得影响收费员售、验票工作。

第二节 养护房屋维护

一、养护房屋维护的原则和类型

公路房建设施除了收费站、服务区的房屋外,还应包括公路管理部门为进行公路的养护和管理所建立的养护道班、工区及交通量调查站等生产和生活用房。房屋维护是为确保房屋的完好和正常使用所进行的经常性的日常修理、季节性预防保养,以及房屋的正确使用维护管理等工作。

通过对房屋的维护,使发生的损失及时得到修复;对一些由于天气的突变或隐蔽的物理、化学损坏导致的猝发性损失,不必等大修周期到来就可以及时处理。同时,经常检查房屋完好状况,从养护入手,可以防止事故发生,延长大修周期,并为大(中)修提供查勘、施工的可靠资料,最大限度地延长房屋的使用年限。同时不断改善房屋的使用条件,包括外部环境的综合治理。

1. 房屋维护的原则

房屋维护的原则是：因地制宜，合理修缮；对不同类型的房屋要制定不同的维修养护标准；定期检查，及时维护；加强对二次装修的管理，确保安全，保证正常使用；最有效地合理使用维修基金；最大限度地发挥房屋的有效使用功能。

2. 房屋维护的类型

房屋维护可分为零星维护和计划维护。

(1)零星维护。房屋的零星维护修理，是指结合实际情况确定或因突然损坏引起的小修。它包括以下内容：

①屋面筑漏（补漏）、修补屋面、修补泛水、修补屋脊等。

②钢、木门窗整修，拆换五金，配玻璃，换窗纱、油漆等。

③修补楼地面面层，抽换个别楞木等。

④修补内外墙，抹灰，修补窗台、腰线等。

⑤拆砌挖补局部墙体、个别拱圈，拆换个别过梁等。

⑥抽换个别檩条，接换个别木梁、屋架、木柱，修补木楼等。

⑦水卫、电气、暖气等设备的故障排除及零部件的修换等。

⑧下水管道的疏通，修补明沟、散水、落水管等。

⑨房屋检查发现的危险构件的临时加固、维修等。

零星维护的特点是修理范围广，项目零星分散，时间紧，要求及时，具有经常性的服务性质。零星维护应力争做到"水电急修不过夜，小修项目不过三天，一般项目不过五天"。

(2)计划维护。房屋的各种构、部件均有其合理的使用年限，超过使用年限一般就开始不断出现问题。因此要管好房子，就不能等到问题出现后再采取补救措施，而应该订立科学的大、中、小修三级修缮制度，以保证房屋的正常使用，延长其整体的使用寿命。这就是房屋的计划养护。例如：房屋的纱窗每 3 年左右就应该刷一遍铅油保养；门窗、壁橱、墙壁上的油漆、油饰层一般 5 年左右应重新油漆一遍；外墙每 10 年应彻底进行 1 次检修加固；照明电路明线、暗线每年检查其老化和负荷程度，必要时可局部或全部更换等。这种定期保养、修缮制度，是保证房屋使用安全、完好的非常重要的制度。应根据具体楼宇所选用的设备、材料型号的质量来推算其使用年限。另外，还要做好季节性的预防保养工作。例如，防台风、防汛、防梅雨、防冻、防治白蚁等。

二、房屋维护的内容

房屋维护的内容包括以下几个方面：

1. 地基基础的维护

地基属于隐蔽工程，发现问题采取补救措施都很困难，应给予足够的重视。主要应从以下几方面做好维护工作：

(1)坚决杜绝不合理荷载的产生。地基基础上部结构使用荷载分布不合理或超过设计荷载，会危及整个房屋的安全，而在基础附近的地面堆放大量材料或设备，也会形成较大的堆积荷载，使地基由于附加压力增加而产生附加沉降。所以，应从内外两方面加强对日常使用情况的技术监督，防止出现不合理的荷载状况。

(2)防止地基浸水。地基浸水会使地基基础产生不利的工作条件，因此，对于地基基础附近的用水设施，如上下水管、暖气管道等，要注意检查其工作情况，防止漏水。同时，要加强对房屋内部及四周排水设施，如排水沟、散水等的管理与维修。

(3)保证勒脚完好无损。勒脚位于基础顶面,将上部荷载进一步扩散并均匀传递给基础,同时起到基础防水的作用。勒脚破损或严重腐蚀剥落,会使基础受到传力不合理的间接影响而处于异常的受力状态,也会因防水失效而产生基础浸水的直接后果。所以,勒脚的养护不仅仅是美观的要求,更是地基基础养护的重要部分。

(4)防止地基冻害。在季节性冻土地区,要注意基础的保温工作。对按持续供热设计的房屋,不宜采用间歇供热,并应保证各房间采暖设施齐备有效。如在使用中有闲置不采暖房间,尤其是与地基基础较近的地下室,应在寒冷季节将门窗封闭严密,防止冷空气大量侵入,如还不能满足要求,则应增加其他的保温措施。

2. 楼地面工程的维护

楼地面工程常见的材料多种多样,如水泥砂浆、大理石、水磨石、地砖、塑料、木材、马赛克、缸砖等。水泥砂浆及常用的预制块地面的受损情况有空鼓、起壳、裂缝等,而木地板更容易被腐蚀或蛀蚀。在一些高档装修中采用的纯毛地毯,则在耐菌性、耐虫性及耐湿性等方面性能较差。所以,应针对楼地面材料的特性,做好相应的维护工作。通常需要注意以下几个主要的方面:

(1)保证经常用水房间的有效防水。对厨房卫生间等经常用水的房间,一方面要注意保护楼地面的防水性能,更须加强对上下水设施的检查与保养,防止管道漏水、堵塞,造成室内长时间积水而渗入楼板,导致侵蚀损害。一旦发现问题应及时处理或暂停使用,切不可将就使用,以免形成隐患。

(2)避免室内受潮与虫害。由于混凝土防潮性有限,在紧接土壤的楼层或房间,水分会通过毛细现象透过地板或外墙渗入室内;而在南方,空气湿度经常持续在较高的水平,常因选材不当而产生返潮(即结露)现象。这是造成室内潮湿的两种常见原因。室内潮湿不仅影响使用者的身体健康,也会因大部分材料在潮湿环境中容易发生不利的化学反应而变性失效,如腐蚀、膨胀、强度减弱等,造成重大的经济损失。所以,必须针对材料的各项性能指标,做好防潮工作,如保持室内有良好的通风等。建筑虫害包括直接蛀蚀与分泌物腐蚀两种,由于它通常出现在较难发现的隐蔽性部位,所以,更须做好预防工作。尤其是分泌物的腐蚀作用,如常见的建筑白蚁病,会造成房屋结构的根本性破坏,导致无法弥补的损伤,使得许多高楼大厦无法使用而被迫重建。无论是木构建筑还是钢-混凝土建筑,都必须对虫害预防工作予以足够的重视。

(3)控制与消除装饰材料产生的副作用。装饰材料的副作用主要是针对有机物而言的,如塑料、化纤织物、油漆涂料、化学粘合剂等,常在适宜的条件下产生大量有害物质,危害人的身心健康,以及正常工作与消防安全。所以,在选用有机装饰材料时,必须对它所能产生的副作用采取相应的控制与消除措施。如化纤制品消除静电、地毯防止螨虫繁殖等。

3. 墙台面及吊顶工程的维护

墙台面及吊顶是房屋装修工作的主要部分,它通常包括多种类型,施工复杂,耗资比重大,维修工序繁琐,常常牵一发而动全身。所以,做好对它的养护工作,延长其综合使用寿命,直接关系到业主与管理机构的经济利益。

墙台面及吊顶工程一般由下列装饰工程中的几种或全部组成:抹灰工程,油漆工程,刷(喷)浆工程,裱糊工程,块材饰面工程,罩面板及龙骨安装工程。这些都要根据其具体的施工方法、材料性能以及可能出现的问题,采取适当的维护措施,但无论对哪一种工程的维护,都应满足以下几个共性的要求。

(1)定期检查,及时处理。定期检查一般不少于每年1次。对容易出现问题的部位重点检查,尽早发现问题并及时处理,防止产生连锁反应,造成更大的损失。对于使用磨损频率较高的工程部位,要缩短定时检查的周期,如台面、踢脚、护壁,以及细木制品的工程。

(2)加强保护与其他工程衔接处。墙台面及吊顶工程经常与其他工程相交叉,在相接处要注意防水、防腐、防胀。如水管穿墙加套管保护,与制冷、供热管相接处加绝热高强度套管。墙台面及吊顶工程在自身不同工种相接处,也要注意相互影响,采取保护手段与科学的施工措施。

(3)保持清洁与常用的清洁方法。经常保持墙台面及吊顶清洁,不仅是房间美观卫生的要求,也是保证材料处于良好状态所必需的。灰尘与油腻等积累太多,容易导致吸潮、生虫以及直接腐蚀材料。所以,应做好经常性的清洁工作。清洁时需根据不同材料各自性能,采用适当的方法,如防水、防酸碱腐蚀等。

(4)注意日常工作中的防护。各种操作要注意,防止擦、划、刮伤墙台面,避免撞击。遇有可能损伤台面材料的情况,要采取预防措施。在日常工作中有难以避免的情况,要加设防护措施,如台面养花、使用腐蚀性材料等,应有保护垫层。在墙面上张贴、悬挂物品,严禁采用可能造成损伤或腐蚀的方法与材料,如不可避免,应请专业人员施工,并采取必要的防护措施。

(5)注意材料所处的工作环境。遇有潮湿、油烟、高温、低湿等非正常工作要求时,要注意墙台面及吊顶材料的性能,防止处于不利环境而受损。如不可能避免,应采取有效的防护措施,或在保证可复原条件下更换材料,但均须由专业人员操作。

(6)定期更换部件,保证整体协调性。由于墙台面及吊顶工程中各工种以及某一工程中各部件的使用寿命不同,因而,为保证整体使用效益,可通过合理配置,使各工种、各部件均能充分发挥其有效作用,并根据材料部件的使用期限与实际工作状况,及时予以更换。

4.门窗工程的维护

门窗是保证房屋使用正常、通风良好的重要途径,应在管理使用中根据不同类型门窗的特点注意养护,使之处于良好的工作状态。如木门窗易出现的问题有门窗扇下垂、弯曲、翘曲、腐朽、缝隙过大等;钢门窗则有翘曲变形、锈蚀、配件残缺、露缝透风、断裂损坏等常见病;而铝合金门窗易受到酸雨及建材中氢氧化钙的侵蚀。在门窗工程维护中,应重点注意以下几个方面:

(1)严格遵守使用常识与操作规程。门窗是房屋中使用频率较高的部分,要注意保护。在使用时,应轻开轻关;雨天通风,要及时关闭并固定;开启后,旋启式门窗扇应固定;严禁撞击或悬挂物品。避免长期处于开启或关闭状态,以防门窗扇变形,关闭不严或启闭困难。

(2)经常清洁检查,发现问题千万不要拖延。门窗构造比较复杂,应经常清扫,防止积垢而影响正常使用,如关闭不严等。发现门窗变形或构件短缺失效等现象,应及时修理或申请处理,防止对其他部分造成破坏或发生意外事件。

(3)定期更换易损部件,保持整体状况良好对于使用中损耗较大的部件应定期检查更换,需要润滑的轴心或摩擦部位,要经常采取相应润滑措施,如有残垢,还要定期清除,以减少直接损耗,避免间接损失。

(4)北方地区外门窗冬季使用管理。北方地区冬季气温低,风力大,沙尘多,外门窗易受侵害,所以应做好养护工作。如采用外封式封窗,可有效控制冷风渗透与缝隙积灰。长期不用的外门,也要加以封闭,卸下的纱窗要清洁干燥,妥善保存,防止变形或损坏。

(5)加强窗台与暖气的使用管理。禁止在窗台上放置易对窗户产生腐蚀作用的物体,包括固态、液态以及会产生有害于门窗的气体的一切物品。北方冬季还应注意室内采暖设施与湿度的控制，使门窗处于良好的温（湿）度环境中，避免出现凝结水或局部过冷过热现象。

5. 屋面工程维护

屋面工程在房屋中的作用主要是维护、防水、保温（南方为隔热）等，由于建筑工艺水平的提高，现在又增加了许多新的功能，如采光、绿化等各种活动，以及太阳能采集利用等。屋面工程施工工艺复杂，而最容易受到破坏的是防水层，它又直接影响到房屋的正常使用，并起着对其他结构及构造层的保护作用。所以，防水层的维护也就成为屋面工程维修养护中的中心内容。

屋面防水层受到大气温度变化的影响，风雨侵蚀、冲刷、阳光照射等都会加速其老化，排水受阻或人为损害以及不合理荷载，经常造成局部先行破坏和渗漏，加之防水层维修难度大，基本无法恢复对防水起主要作用的整体性，所以，在使用过程中需要有一个完整的保养制度，以养为主，维修及时有效，以延长其使用寿命，节省返修费用，提高经济效益。

（1）定期清扫，保证各种设施处于有效状态。一般非上人屋面每季度清扫1次，防止堆积垃圾、杂物及非预期植物如青苔、杂草的生长；遇有积水或大量积雪时，及时清除；秋季要防止大量落叶、枯枝堆积。上人屋面要经常清扫。在使用与清扫时，应注意保护重要排水设施如落水口，以及防水关键部位如大型或体形较复杂建筑的变形缝。

（2）定期检查、记录，并对发现的问题及时处理。定期组织专业技术人员对屋面各种设施的工作状况按规定项目内容进行全面检查，并填写检查记录。对非正常损坏要查找原因，防止产生隐患；对正常损坏要详细记录其损坏程度。检查后，对所发现的问题要及时汇报处理，并适当调整养护计划。

（3）建立大修、中修、小修制度。在定期检查、养护的同时，根据屋面综合工作状况，进行全面的小修、中修或大修，可以保证其整体协调性，延长其整体使用寿命，以发挥其最高的综合效能，并可以在长时期内获得更高的经济效益。

（4）加强屋面使用的管理。在屋面的使用中，要防止产生不合理荷载与破坏性操作。上人屋面在使用中要注意污染、腐蚀等常见病，在使用期应有专人管理。屋面增设各种设备，如天线、广告牌等，首先要保证不影响原有功能（包括上人屋面的景观要求）；其次要符合整体技术要求，如对屋面产生荷载的类型与大小会导致何种影响。在施工过程中，要有专业人员负责，并采用合理的构造方法与必要的保护措施，以免对屋面产生破坏或形成其他隐患，如对人或物造成危险。

（5）建议建立专业维修保养队伍。屋面工程具有很强的专业性与技术性，检查与维修养护都必须由专业人员来负责完成，而屋面工程的养护频率相对较低，所以为减轻物业管理企业的负担，并能充分保证达到较高的技术水平，更有效、更经济地做好屋面工程养护工作，应建立起由较高水平专业技术人员组成的专职机构。

6. 通风道的维护管理

由于通风道在房屋建设和使用过程中都是容易被忽略而又容易出问题的部位，因此对通风道的维护管理应该作为一个专项格外加以重视。首先在设计时就要尽力选用比较坚固耐久的钢筋混凝土风道、钢筋网水泥砂浆风道等，淘汰老式的砖砌风道、胶合板风道。而且必须选用防串味的新型风道。在房屋接管验收时，一定要将通风道作为一个单项进行认真细致的验收，确保风道畅通、安装牢固、不留隐患。在房屋使用过程中，应注意以下几个方面：

（1）在安装卫生间通风器时，必须小心细致地操作，不要乱打乱凿，对通风道造成损害。

（2）不要往通风道里扔砖头、石块或在通风道上挂东西，挡住风口，堵塞通道。

(3)每年应对通风道的使用情况及有无裂缝破损、堵塞等情况进行检查。发现不正确的使用行为要及时制止;发现损坏要认真记录,及时修复。

(4)检查时可在楼顶通风道出屋面处测通风道的通风状况,并用铅丝悬挂大锤放入通风道检查其是否畅通。

(5)通风道发现小裂缝应及时用水泥砂浆填补,有严重损坏的在房屋大修时应彻底更换。

7. 垃圾道的维护管理

一般住宅楼、办公楼等通用房屋都设置有垃圾道,作为楼上用户倾倒垃圾的通道。垃圾道由通道、垃圾斗、底层垃圾间及出垃圾门等部分组成。由于垃圾道是公用设施,又是藏污纳垢的地方,住户对其不够爱护。物业管理企业一方面要加强宣传教育;另一方面垃圾道出现堵塞损坏时要及时派人修理。在房屋接管验收时,就要认真检查垃圾道的各个部位,看有无垃圾斗、出垃圾门开启不灵便、缺少零件、少刷漆等现象。如果垃圾道内有积存大量施工垃圾或伸出钢筋头、残存模板等在房屋交付使用后造成垃圾道堵塞隐患的现象,则必须要求施工单位及时返修清除。平时维护中应注意以下几个问题:

(1)指定专人负责垃圾清运,保持垃圾道通畅。

(2)搬运重物时要注意保护好垃圾道,避免碰撞,平时不要用重物敲击垃圾道。

(3)不要往垃圾道中倾倒体积较大或长度较长的垃圾。

(4)垃圾道出现堵塞时应尽快组织人员疏通,否则越堵越严,疏通起来更加费时费力。

(5)垃圾斗、出垃圾门每两年应重新油漆一遍,防止锈蚀,延长其寿命,降低维修费用。

(6)垃圾道出现小的破损要及时用水泥砂浆或混凝土修补,防止其扩大。

第四章 公路绿化与环境保护

公路绿化是稳固路基、保护路面、美化路容、改善环境、减轻噪声、舒适旅行、诱导行车视线、防沙、防雪、防水害的重要措施之一,是绿化国土、保护环境的重要组成部分,也是公路建设和养护的重要组成部分。

第一节 概 述

一、公路绿化的内涵

1. 公路绿化

公路绿化,是指利用绿色的乔木、灌木及花、草合理覆盖公路两侧边坡、分隔带及沿线空地等一切可绿化的公路用地,创造适合人类居住环境,并确保人们在旅途过程中达到安全、便利、舒适及可靠的美好公路交通环境,促进公路事业永续发展。公路绿化里程划分有以下几个方面:

(1)不可绿化里程。它是指在公路用地范围内不能栽植或不能自然生长木本、草本绿色植物的路段。它包括公路隧道、桥、涵及其两端各 5m 地段、石质路基及石方护坡路段,重盐碱路段、沙漠路段,山区石粒子路段,兼作堤坝路段,特别干旱地区的路段等。

(2)可绿化里程。它是指在公路用地范围内,能栽植和自然生长乔木、灌木或花、草的路段。

(3)已绿化里程。它是指按设计标准,栽植了乔木、灌木或花、草,成活率和保存率分别达到标准要求,生长正常,即为绿化达标里程。自然生长的乔木、灌木或花、草,覆盖度在 0.6 以上,均匀分布在路基边坡或公路用地,连续里程 1km 以上,也列为已绿化里程。

为便于分析和统计公路绿化成果,要求一律按不可绿化里程、可绿化里程和已绿化里程(包括自然绿化里程:公路两侧有天然生产的乔木、灌木或花、草,且覆盖较密,并通过适当修饰基本能达到保护路基、边坡的,不再人工植树的为自然绿化里程)进行统计。

2. 公路绿化的主要内容

(1)主线绿化。主线绿化主要是为了提高行车安全性和舒适性,首先在充分考虑沿线景观、地形特点和交通特点,保证景观较长距离的连续性,同时要结合地方特色、人文历史、文化古迹、旅游名胜、重要城市等强化设计的重点和亮点。主线绿化的几种形式及其作用:公路弯道外侧栽植能诱导视线,使公路线形更加清晰明了;中央分隔带进行遮光种植可以防眩;路口附近进行标志栽植可以提示位置;隔离网附近进行栏式栽植,可以有效地防止行人穿行。

(2)道路外部绿化。在公路两侧建设缓冲绿化带来保护环境。其具体形式及作用如下:边坡种植植被,可以固土护坡,减少水土流失,提高路基稳定性。填方高路堤,以不同品种间种,条播密植草皮;矮路堤,高度 <2 ~ 2.5m,且坡度 <1:2,又比较缓的地段时,应满铺草皮,可适当点缀一些草本花卉;路堑边坡,土质边坡以铺长绿草皮为主,石质边坡可采取挂网植草;石方码砌边坡,应在边坡上设置二层以上花槽(一般要求 1m 一层),种植常绿下挂植物,使边坡

从路外看是一条绿色的花卉风景带。路侧栽植，可以起到防雪、防风沙等作用。与城区过渡地带的绿化，具有景观与防护功能的结合，林带宽度市内以 6～15m、市区 15～30m 为宜，林带高度 10m 以上，林带结构以乔、灌、草结合为好，阔叶树比针叶树有更好的减噪效果，特别是高绿篱防噪声效果最好。

(3)公路施工和养护中的取(弃)土场、便道等绿化。公路施工和养护中的取土场、弃土场、便道等绿化，即采用喷草籽、种草或植树等措施恢复被破坏的植被，美化环境，保护水土。

(4)生活区绿化。服务区、管理区、收费站区和段、站的庭院是驾乘人员和管理、养护人员工作、休息的场所，因此进行细致的绿化是必要的，绿化必须与当地背景和景观特点相结合。生活区的绿化，可利用树木和花卉来美化环境、增强季节感，也可以采用桌子、凳子、水池、喷泉以及娱乐设施等，为人们提供良好的工作和休息空间。

二、公路绿化的作用

1. 稳固路基，涵养水源

公路路基边坡上，种植有乔木、灌木、草皮，这些植物有固土和防止水流冲刷的作用，使路基土不致流失与坍塌。粗壮的乔木兼有挡土墙的作用，对陡坡地段的路基具有良好的稳固作用。草皮具有过滤作用，使地表水的有害物质减少；植物的根系可以吸收水中的重金属离子，对地表水具有一定的净化作用。

2. 保护路面，降低养护成本

公路两侧的树木长大成林后，使路面的大部分不受阳光直接照射，路面的日温差和年温差减小，因温度应力及温差引起的路面破坏大大降低。另外，树木还能减弱雨、雪、风沙对路面的直接破坏，使路面使用年限增加，养护成本降低。

3. 美化路容，舒适行旅

公路绿化工程使公路变成由乔木、灌木、花卉、草皮立体覆盖的绿色长廊，变成一道亮丽的风景线，一年四季有花有草，行人心情舒畅。树木、花草还使公路粉尘减少，噪声降低，使自然环境大大改善，使人们的身心健康得到改善。

4. 防止污染，改善环境

公路上行驶的车辆产生噪声、粉尘、有害气体和二氧化碳等污染，而植物对这些污染有很好的预防作用。它可以减轻噪声、吸滞烟尘与粉尘和吸收有害气体。

5. 杀死细菌，保护健康

空气中散布着各种细菌，大多附着在灰尘上，是传播疾病的重要因素。植物可以减少空气中的细菌数量，一方面是由于植物可以减少空气中的灰尘数量，从而减少了细菌；另一方面树木本身有杀菌作用。在有树木的公路上比没有树木的道路上，每立方米空气中的含菌量少85%。所以公路绿化对杀死细菌，保护行人健康十分有益。

三、公路绿化的政策依据和设计要求

1. 政策依据

根据交通运输部和各省公路造林与管护的规定：公路绿化由公路管理部门规划，并负责总体设计和实施安排。各级公路管理机构要紧紧依靠当地人民政府，按照各省公路环保规划，贯彻执行"国家、集体、个人一起上"、"乔、灌、花、草一起上"、"栽植、移栽、播种一起上"和"国造(公路)国有、集体造集体有、合造共有"的公路绿化政策，克服"重栽植、轻管护"的思想倾向，认真做到"栽、管、护"三者的有机结合。

2. 设计原则

公路绿化的设计应以科学发展观为统领，努力构建和谐交通，不断促进公路事业的全面协调可持续发展，本着一条路的绿化是一个整体，在服从动态景观设计原则的基础上，要点线结合、以线带面，形成统一、协调的景观空间，做到统一规划、分段设计、分段施工，人工造景要适应地形、气候、土质、公路横断面的变化。具体设计时，要注重道路实际，有针对性地从以下几方面实施设计原则。

(1)绿化可以借景，充分利用公路两侧森林、果园等自然景观。

(2)两侧有整齐的农田路段，可适当栽植灌木，以乔木为陪衬，一般不使乔木行列式种植。

(3)土质路堤、路堑坡面应种花、草、藤木和小灌木；弯道外侧可利用乔木进行视线诱导性栽植，内侧只宜种不影响视距的低灌木或花、草。

(4)路肩上除草坪外，其他绿色植物一律不得种植。

(5)公路绿化工程要与公路新、改建工程同规划、同设计。

3. 公路绿化的具体要求

沿道路主线两侧的绿化设计，是公路连续景观"线"的主要表现形式，它是构成道路景观的基础。由于这一部分具有跨地区、地形地貌起伏变化大的特点，设计时应根据所跨区域的土壤、水文、气象、地形、护坡结构、涵洞、桥梁等条件及分布特点，划分典型设计断面、标出起讫点的位置，并确定道路全线植物品种的基调树种、搭配树种以及功能性隔离品种。同时，要处理好重点与一般的关系，如图 4-1 和图 4-2 所示。

图 4-1　隔离带上种植的绿篱和花草

图 4-2　碎落台上种植的垂柳

(1)高速公路的绿化，应以人工种植草皮和花卉为主，护栏内外种植绿篱或花草、灌木，路肩上和中间隔离带内，不可栽植乔木。

(2)一级公路(混合交通)的绿化，可采取不同树种、高度、间隔分段组合，并注意结合利用大自然的景观，中间隔离带内，不种植乔木。

(3)二级公路(混合交通)的绿化，一般按乔、灌木结合进行种植，但要加大株间距离。有护坡道的二级公路，可种植乔木或花草、灌木。

(4)三、四级公路的绿化，仍维持行列式的栽植，但要适当加大株间距离。

(5)在平面交叉、立体交叉以及隧道进(出)口等地，应根据地形条件进行绿化，并符合下列要求：

①平面交叉处应按设计要求留出规定的视距。在设计视距影响范围以内，不应种植乔木，可栽植常绿灌木、绿篱和花草。

②小半径平曲线外侧栽植成行的乔木，以诱导汽车行驶，增加安全感。

③立体交叉分割出来的环岛，宜铺植开阔的草坪。其上点缀一些灌木和花卉。

④隧道进(出)口两侧30～50m以内，宜栽植高大乔木遮荫，以适应驾驶员视觉对隧道内外光线的变化，保障车辆安全行驶。

(6)收费站、停车场、立体交叉的绿化，以开阔草坪上点缀低矮的常绿和花草木为主的园林绿化设计，如图4-3所示。

图4-3　某高速公路立交绿化效果(局部)

(7)养护生产单位庭院绿化，应本着因地制宜、布局合理、乔灌花草相结合，春、夏、秋三季常青，二季开花的原则设置，要突出一个“美”字，保持一个“洁”字。

(8)不同类型区的绿化成活率的要求是：平原地区公路绿化成活率90%为合格，95%以上为优良；山区公路绿化成活率达85%为合格，90%以上为优良；寒冷草原区及沙、碱、干旱区公路绿化，成活率达75%为合格，80%以上为优良。

(9)公路绿化的保存率按现行《公路养护技术规范》的规定，栽植后2年进行检查，保存率达到80%为合格，90%以上为优良。新植幼树及花、草，根据生产的需要，应适当进行浇水和管理，促使其正常生长。

第二节　公路绿化及其养护

一、公路植树及养护

公路植树是行之有效的绿化手段。路树有乔木和灌木之分，乔木又有常青树(多为针叶)和落叶树(多为阔叶)。灌木可分为绿篱类(防护)和花灌木类(美化)。由于地域的不同，水文、地质、气候、土壤等自然条件的差异，树种的选择亦有很大的区别。

1. 树种选择

(1)树种选择的标准

①易栽、易活、易管。公路绿化线路漫长，土壤结构复杂，板结不疏松，碎砖乱石，筑路垃圾，风大干旱无水源等，选择树种要从树木的生态型适应当地的自然条件和公路绿化的特点，采用易栽、易活、易管的树种。

②耐旱、耐寒。我国北方属于大陆性气候，冬季寒冷，夏季干旱，选择耐旱、耐寒性强的树种可提高成活率，保持正常的生长发育。

③抗病虫、抗污染。病虫害多的树种，不仅养护投资大，亦会造成环境污染，所以要选择能抗病虫害的树种。抗污染树种可消除污染物，有利于改善交通环境。

④深根性、耐瘠薄。深根性的树种护坡固土性能好，抗逆性强，根深叶茂，绿化效果好；普通公路植树，一般在土路肩或排水沟边，土壤贫瘠，建筑垃圾多，选择耐瘠树种有利于成活和正常生长。

⑤生长速度快、成材性好。在有灌溉条件的平坦路段，选择生长速度快、成材性好的树种，不但绿化效果好，而且有一定的经济效益。

⑥多样性、轮栽。公路植树，尤其是大面积营造防风林带时，如选择单一树种，一旦病、虫

害蔓延,就会造成大的损失。在同一条线路或同一个地方,在树木采伐更新时,几十年使用同一树种,容易引发病、虫害流行。选择树种时注意多样化和轮栽,有利于克服这些不足。

(2)甘肃省区域绿化树种选择

遵照适地适树,提高生态和经济效益的原则,根据公路自然区划,甘肃省各地的公路绿化树种的选择,就是根据各地所处的地理位置按以下四个自然规划区规划绿化选择树种的。

①陇南山地亚热带和暖温带湿润气候区(文县、武都、康县、成县、徽县、两当、西和、礼县、天水等):绿化树种应选择刺槐、臭椿、白榆、杨树、桑树、柳树、二球悬铃木、云杉、华山松、文县柳、金丝柳、沙棘、紫穗槐、连翘、丁香、榆叶梅等。

②东部和中部黄土高原温带半湿润、半干旱气候区(漳县、渭源、通渭、定西、临洮、庄浪、静宁、平凉、泾川、崇信、灵台、清水、张家川、甘谷、武山、秦安、西峰、宁县、正宁、华池、合水、临夏、永靖、东乡、康乐、积石山、广河、和政等):绿化树种可选择云杉、油松、樟子松、侧柏、华北落叶松、困柏、毛白杨、青杨、刺槐、国槐、臭椿、白榆、山杏、杜梨、新疆杨、旱柳、红柳、山毛桃、沙棘、柠条、甘蒙柽柳、多枝柽柳、连翘、丁香、榆叶梅、黄刺梅、紫穗槐、沙棘等。

③河西走廊和北部山地暖温带干旱气候区(酒泉、金塔、嘉峪关、玉门、安西、敦煌、肃北、阿克赛、高台、临泽、张掖、山丹、永昌、金昌、武威、民勤、古浪、永登、红古、兰州、皋兰、榆中、景泰、白银、靖远、会宁等):绿洲区内绿化树种可选择祁连圆柏、云杉、樟子松、胡杨、新疆杨、二白杨、国槐、刺槐、准格尔柳、阿尔巴尼亚柳、J369 柳、J194 柳、红柳、白蜡、臭椿等。沙区造林可选择多枝柽柳、甘蒙柽柳、梭梭、花棒、沙枣、白刺、毛条、沙枣等。

④祁连山与甘南高原高寒半湿润与高寒阴湿气候区(肃南、民乐、天祝、合作、夏河、玛曲、碌曲、迭部、卓尼等):绿化树种可选择青海云杉、祁连圆柏、文冠果、二白杨、白榆、木麻黄、沙棘等。

⑤养护生产单位、收费站、停车场等的庭院绿化要因地制宜,突出特色,应以花卉、草坪、绿篱为主,适量配置花冠木及少量针阔叶风景树,高大乔木应配置在围墙周围。在绿化用地较难解决地段,可以发展垂直绿化、盆花绿化等。

在满足道路功能要求和周围生态环境谐调的前提下,要选择便于管护、耐旱,既能诱导车辆又不影响行车视距的植物品种,同时根据当地的气候、土壤及地貌条件选择经济合理的植物品种。

①公路主线和中央分隔带绿化:防眩树,高度 1.5 ~ 1.7m,株距 2 ~ 3m,灌径 50cm 常绿,常用树种有松树、柏树、蜀桧、龙柏、法清等;矮灌木调色带,常用树种有黄羊、月季、美人蕉等。

②边坡绿化:要选择匍匐性强,根系发达的草本植物,如爬山虎、剑麻等。

③隔离带绿化:树种有垂柳、洋槐、红柳、沙枣等。

④生活区绿化:选用的植物有黄羊、月季、美人蕉等。

2. 路树栽植

公路绿化的路树栽植,是在正确选择树种的基础上,通过合理确定栽植密度,正确选择栽植季节、栽植形式和栽植方法等,以获得好的绿化效果。

(1)栽植形式与栽植密度

栽植密度取决于树木的株(间)距,而株(间)距又取决于栽植形式,在不同的路段有不同的绿化目的和用途,就要应用不同的栽植形式。我国公路植树多采用封闭式、半封闭式、开放式和自然式 4 种栽植形式,每种栽植形式又有单行、双行和多行之分。

①封闭式栽植。此栽植形式多在风沙沿线和险峻路段采用,绿化目的是防风固沙,保护路

基和行车安全；特点是密植、封闭和树冠相连；以乔木为主，也可乔、灌间栽；可以单行、双行和多行。如线路穿越风沙线，地形空间允许多行栽植，以多行营造防风林带为好，以增强防风固沙能力，保障线路和行车安全。

株距与树冠直径（以下称树冠）相对应，如杨树成树后的树冠为2m，株距亦为2m；如双行或多行栽植，行与行之间均以三角状栽植，行距应略小于株距，以1～1.5m为宜。

②半封闭式栽植。此栽植形式多在山区公路，或穿越城镇和村庄的路段采用。我国北方的干线公路多采用这种形式。特点是单行（也可双行或多行）、疏植、树冠不相连；以乔木为主，具有一定的通透性，林阴化效果好。株距的确定依据是树木成树后冠径的大小，一般为株距是树冠的1.5～2倍，间距（树冠间距离）与树冠直径相同时效果最佳。如大叶女贞2年后的冠径是3m，则株距以4.5～6m、间距以3m为宜。

③开放式栽植。此栽植形式多在城市、港口、码头和风景旅游区的路段采用，特点是通透性强，透视效果好，有利于观光旅游和欣赏沿线风光。以单行栽植为主，选择树形好的矮形常青乔木，间栽花冠木点缀，美化效果颇佳。如西安兵马俑专用公路的绿化，采用马尾松间栽紫荆和大叶女贞间栽紫薇2种形式，达到三季有花、四季常青的意境；又如，兰州滨河路采用的桧柏间栽黄刺玫、紫丁香、连翘、榆叶梅、碧桃、丰花月季等花灌木，绿化和美化效果俱佳。此类栽植形式，乔木的株距以冠径的2.5～3倍为宜，如其间点缀一种或数种花灌木，株距还可以放大。

④自然式栽植。此栽植形式讲究不规划、不对称形，这样的绿化特点是随意、浪漫，把人工绿化与周围沿线的自然景观融为一体，突出了自然美。例如，宝（鸡）成（都）铁路沿线的绿化就是典型的自然式绿化。

在路树的栽植中，株距、间距、行距等指标，可根据不同树种、不同路段和不同的绿化目的确定。公路植树的位置和树木的株距、间距、行距要符合现行《公路工程技术标准》（JTG B01—2003）和《公路养护技术规范》的规定。

（2）栽植季节及特殊地段绿化

春季造林绿化是适于全国的模式，北方地区一般都是春季植树，在南方各地仍然是春、秋雨季植树，而时间有所不同，热带、亚热带和沿海地区是以树木休眠期移栽。

甘肃省深居内陆，地形复杂，气候干燥，特别是土壤水平分布东西差异较大，影响造林绿化的成效，给公路绿化带来许多困难，为此，对于特殊地段的公路绿化应重点对待、特殊处理。

①盐碱地段公路绿化。甘肃省河西走廊分布面积较大的盐碱地，公路穿过该地段，进行公路绿化对树木会造成致命危害，另外，公路主线和中央分隔带回填土有很多为盐碱土。为此，在盐碱化地区造林栽树，首先应采取改良盐碱地的措施，达到造林的要求后方可栽树；其次选择耐盐树种，一般树木耐盐能力在0.1%～0.3%，而耐盐能力大者可达0.5%～0.6%。甘肃省主要耐盐树种耐盐力分为三级。弱度：土壤含盐量0.3%～0.5%，有新疆杨、箭杆杨、钻天杨、青杨、大叶白蜡、侧柏；中度：土壤含盐量0.5%～0.7%，有樟子松、银白杨、白柳、小叶白蜡、臭椿、刺槐、白榆、桑树、紫穗槐、银花；强度：土壤含盐量0.7%～1.0%，有红柳、胡杨、沙枣、木麻黄等。最后应注意造林技术，盐碱地造林技术应适当密植，株行距1m为好，尽量营造混交林。造林方法采用客土法整地，要大穴深翻，增加有机肥料，坑底铺大粒沙，采用植苗造林，植苗不要过深，栽植后不要在苗木周围堆土墩，而是在树50cm外堆土墩踏实，减轻盐分对幼树危害。造林后要及时中耕松土，切断毛细管，减轻土壤返盐，提倡间作绿肥，以耕代抚。

②石质山地公路绿化。石质山地和土石山地在甘肃省总面积占相当的比重,其特点是地形多变,地质土壤植被条件复杂,地形陡峻,土层薄,甚至基岩裸露;易形成山洪、泥石流、水土流失严重。这种山地条件下进行公路绿化,除采取客土整地法外,在树种选择上应以柳树、杨树、刺槐、侧柏等耐瘠薄、抗干旱、防冲刷树种为主,并注意防护工程的建设。

③沙漠地区公路绿化。甘肃省沙漠主要分布在河西走廊干旱地区,其特征是风沙活动强,植被覆盖度低,水分条件干旱,公路绿化应采取植物固沙(林草)的措施,针对干旱缺水、风蚀沙埙、土壤瘠薄和含盐量高等不利于林木生长的不利因素,做到"适地、适树、适法"的措施。公路绿化中应正确划分沙地立地条件类型,正确选择抗干旱、抗风蚀沙埋、耐瘠薄的树种,如:沙枣、银花、红柳、胡杨、白榆、二白杨、新疆杨、沙枣、柠条、花捧、柽柳、木麻黄、沙拐枣、梭核、白刺等乔(灌)木。有水分条件地段可营造旱生乔木林。公路绿化应栽植以灌木为主的混交林,采用单行或多行混交,一般株距为 1 ~ 1.5m,行距为 3 ~ 6m。植树要领为深栽实踏,高埋少露,一般要求栽植深度 >50cm 灌溉补墒保墒,植树时每株浇水 10 ~ 15kg。

(3)栽植方法

①灌栽。挖好树坑后,先往坑中灌水,然后栽树。此法适于土壤水分很差或极度干旱的地区使用。在大面积植树中,往往树栽好后来不及立即浇水,使树苗在干土中滞留时间一长,本身的水分因外渗而损耗太大,降低了成活率。2002 年,在兰州南北两山的绿化中,大洼山试验站在 20°荒坡上,用灌栽法移栽了 10 万株刺槐树苗,成活率达 90%,比先挖坑干栽后浇水的传统栽法成活率提高 15% 以上。灌栽的操作顺序为:挖坑→灌水→栽树→浇水,过 3 ~ 5 天后再盖浮土定植。

②浇栽。这是一种传统的栽值方法,适于土壤墒情好、浇水条件便利的地区采用。其特点是栽植速度快,方法简单,易于操作。浇栽的操作步骤为:挖坑→栽树→浇水,适时用浮土盖坑定植。

③浆栽。此法适宜于较大的落叶须根系树苗移栽。浆栽的操作方法是:挖坑→灌水,搅成泥浆后糊根→栽树→浇水。树坑表层土壤开始干裂时即松土定植。特点是树苗的须根能尽快和土壤、水分接合,提高成活率,在河南、陕西、四川多采用此法。这种方法还适于在树苗的长途运输中采用。从苗圃起苗后先用泥浆糊根,再包扎根部,然后装车运输。这样可有效地保持树苗水分,降低损耗。

④带土坨栽植。此法也称带土栽植。对 1m 以上的树苗,都以带土坨栽植为好。其基本要求是:直根系带土坨,须根系可不带;常青树带土坨,落叶树可不带;大树带土坨,小树可不带。如栽树季节偏迟,或在高温季节时补栽,带土坨是否完整,是栽植成功的关键。

3. 绿化树的养护

公路因线路长、沿途地形和自然条件复杂,绿化树的养护包括浇水、施肥、整形修剪和病虫害防治。

(1)浇水

由于受自然条件的限制,我国北方地区公路绿化栽树,仅靠自然降水满足不了其生长的需要,必须借助人工浇水。

①浇水时期。它分为休眠期浇水和生长期浇水。

a. 休眠期浇水。在西北地区,降水量少,冬、春季寒冷干旱,在初冬和早春树木的休眠期浇水很有必要。在秋末冬初的浇水(11 月上旬)称为浇"冻水"或"封冻水",冬季土壤中水分结冰,释放出的潜热可提高树木的抗寒越冬能力,并可防止早春干旱,特别是对刚植树的幼树更为重要。在早春(2 月中下旬至 3 月上旬),气温回升,树木地上部树液开始流动,而地下根部土温

仍然很低,根部还处于封冻休眠状态,因而往往出现生理干旱,易引起“抽条”现象。在土壤即将解冻,树木发芽前的早春,浇一次“解冻水”或“返青水”,有利于新梢和叶片的健壮生长。

b. 生长期浇水。它是指在树木生命活动最旺盛的时期浇水。4~6月份是干旱季节,也是树木生长旺盛时期,需水量较大,在这个时期一般都需要浇水。浇水的次数和时间可根据树种、所处位置和气候条件来定。如定植2~3年的树,可浇水1~2次;刚植树和幼树,可浇水2~3次。7~8月份为雨季,降水较多,一般不需浇水,而遇大旱之年仍需浇水。9~10月份树木停止生长,应采取措施,使树梢组织生长充实,充分木质化,增强抗性,准备越冬,一般情况不再浇水;而过于干旱时,可适量浇水。

②浇水量。浇水量受树种、自然条件、定植年份和当年的降水量等因素的影响而有差别,每次浇水都要浇足,切忌“表皮水”和“半截水”,即表土或浅土浇湿而底土仍然干燥。适宜的浇水量以达到土壤最大持水量的60%~80%为标准。浇水量可按下式计算:

$$T = S \times H \times r \times (P - d)$$

式中:T——浇水量(t);

S——浇水面积(m^2);

H——土壤浸湿深度(m);

r——土壤容量(t/m^2);

P——田间持水量(%);

d——浇水前土壤湿度(%)。

田间持水量参考表4-1确定,土壤湿度参考值如表4-2所示。

几种土壤的田间持水量　　表4-1

土壤性质	黏土	黏壤土	壤土	砂壤土	砂土
田间持水量(%)	25~30	23~27	23~25	20~22	10~14

应用公式计算出的浇水量,应结合树木品种、大小、密度和气温等因素进行调整,酌情增减,以更符合实际需要。根据经验数据和实际浇水量的统计,在年降水500mm的地区,每100穴每年浇水4t即可。

土壤湿度参考值　　表4-2

湿度	砂性土壤(砂土、砂壤土、轻壤土)	壤性土壤(中性土、重壤土)	黏性土壤(轻黏土、中黏土)
干	无湿的感觉,干土块状或单粒,含水率约为3%左右	无湿的感觉,土壤较结实,能捏得很碎,土壤含水率约为4%左右	无湿的感觉,土壤坚硬,捏时很费劲,手感觉痛,含水率约为5%~10%
潮干	稍有潮湿感觉,干土多,湿土少,土块一碰就散,含水率约为8%~10%	微有湿的感觉,捏时易散,含水率约为10%~12%	微有湿的感觉,捏碎土须稍用力,含水率约为10%~15%
潮	捏土后手掌留有湿痕,可捏成较坚固的土团,含水率约为15%~20%	有塑性,能捏成球,落地不易散,含水率约为20%~25%	能捏成条或球,土条上有裂纹,含水率约为25%~30%
湿	土沾水,捏土后手掌留有积水,可勉强捏成土条、土球,含水率约为15%~25%	土黏手,能捏成泥条,落地散开,含水率约为20%~30%	土很黏,可搓成光滑的泥球或长条,无裂纹,摔不碎,含水率约为35%~40%

(2)施肥

树木在生长发育过程中需要补充施肥,但我国公路树的施肥,仅限于城镇观赏性强的路段的灌木花卉。

①肥料的种类。常用肥料有化肥、有机肥、微生物肥、矿物肥四类。

②施肥时期。路树施肥一般有以下3种方法,施肥时期各不相同。

a. 种植肥。在树木栽植时施肥,将树坑挖好后施入农家肥(少量施化肥也可以)拌匀,即行栽树,并浇水。

b. 基肥。秋施基肥,在树木停止生长后施肥(10~11月份),有利于树木翌年萌发返青。

c. 追肥。生长期施肥,在4~6月份进行,化肥、有机肥均可。

③施肥量。施肥量依树种、土壤肥力和肥料种类的不同而有所差异,但应力求做到适时适量。施肥量可用下式计算:

$$D = \frac{P - Q}{J}$$

式中:D——施肥量(g/m^2);

P——树木吸收肥料元素量(g/m^2);

Q——土壤供给量(g/m^2);

J——肥料利用率(%)。

④施肥方法。施肥效果与施肥方法密切相关。种植肥一般使用有机肥,如饼肥、厩肥等先将肥料与树坑内土壤搅拌均匀,然后栽树、浇水。

基肥和追肥的施用与树木的根系分布特点相适应,把肥料施在根系集中分布稍远的地方,利于根系向纵深发展,以形成强大的根系,扩大吸收面积,提高吸收能力。

施肥的深度、范围与树种、树龄、土壤状况和肥料种类有关,可根据具体情况实施。

a. 穴施。此为路树施肥最常用的方法。在单株树下施肥,可按树种的根系分布,在与树冠垂直的1/2处或外围挖坑,坑的直径、深度视树的大小而定,直径一般20~30cm,深度以触及须根为宜。其步骤为挖坑→投肥→拌匀→填土2/3,浇水→覆土,埋平后踏实。

b. 环状施肥。此法用于单株树施肥,在与树冠外围垂直的地面上挖一环状沟,沟深、沟宽各30cm,将肥料均匀地撒入沟内,与土壤混匀,然后埋土踏实,并浇水。

c. 条沟施肥。条沟施肥一般在防护刺篱、绿篱带或连续栽植的灌木下使用,即在篱带下距基干30~50cm处,与篱冠边缘平行的位置,开挖深、宽各30cm的沟,将肥料均匀施入沟中,然后覆土埋平,再浇水。

d. 其他施肥方法。其他施肥方法如放射状沟施肥,是以树干为中心,向树冠外围以辐射状开沟施肥,多用于果园施肥。路树施肥一般不宜采用此法。

⑤施肥应注意的问题。施肥适时、适量,施肥方法正确和施肥后浇水,都是施肥应注意的基本问题。

(3)整形修剪

树木通过整形修剪,可有效地美化树形、调整树势、协调树体比例、改善树木通风透光条件和增强树体抗性。

①整形修剪的时间。

a. 休眠期修剪。在冬季树木落叶(落叶树)、休眠(常青树)后,至翌年春季,树液开始流动前施行(当年11月至翌年2月份)。对抗寒力较强的树种可在冬季修剪,对抗寒力差的树种

最好在早春修剪,以免伤口受寒风侵袭而难以愈合,影响正常生长。

b. 生长期修剪。在树木开始萌发至新梢停止生长前施行(3~10月份),时间不宜过迟,否则易促发新枝,消耗树体营养,不利于树木越冬。

②整形修剪的方法。

a. 乔木类。乔木有明显主干,树体高大粗壮,树冠开展,防风固土能力强,整形修剪应符合这些性状特点。所以修剪乔木一般保持自然树形,主干高度根据路基的高度和绿化的需要而定。对常青树,如松柏类,除需对树干基部的枯枝和树体的病虫枝修剪外,一般不需修剪。落叶类树木,对枯枝、病虫枝、细弱枝和多余的枝条进行修剪,在春季萌发后,注意对树干基部的萌发芽和剪除新抽的枝条。

b. 灌木类。灌木无明显主干,多为丛生和簇生,抗性强,生命力旺盛。在公路边栽植的主要是刺篱防护(带刺灌木)、绿篱封闭和景观点缀(花灌木)。灌木类的修剪和乔木类有很大的不同,修剪时要突出绿化造景或造型的需要。

绿篱在定植成活后,每年都要留一定的高度,平茬剪平,形状要整齐美观。如以瓜子黄杨、大叶黄杨、侧柏、榆树等建植的绿篱,在城市道路和花坛的封边造景中普遍采用。

点缀性的花灌木(其中部分可列为乔木),如碧桃、连翘、迎春、紫薇、榆叶梅、紫荆等,宜按不同的树形修剪,使树木处于最佳的形态。黄刺玫是北方广泛栽种的带刺带花灌木,在栽植成活后,第一年0.2m高处剪平,第二年留茬0.5m,第三年和第四年为1m和1.5m,通过逐年修剪,增强了枝干的硬度和枝叶密度。在成形后,修剪时剔除枯枝,适当控制高度和宽度即可。

对密植造景或造型的花灌木,如月季、金叶女贞、紫叶小檗等,则要以造景、造型的需要来修剪。要求边缘整齐,高低错落有致,界限分明,层次清楚,突出景和型的景观特色。

对以防护为主的带刺灌木的修剪,主要是控制空间占有体积,使之既有防护作用,又具备绿化、美化效果。

(4)病虫害的防治

树木在其生长发育过程中,可能会遭到各种自然灾害和有害生物的侵袭,使植株的枝梢干枯、器官变形、叶片缺损、生长发育受阻。其中病虫危害尤为严重。树木病害是由病源菌侵入植物体引起的,其主要病菌有真菌、细菌、病毒、类菌质体、线虫、螨类等;虫害是由各种昆虫吸食树木叶片、花器、枝干、根系等营养器官造成的树木受害现象。

为了使树木能够正常地生长发育,必须对树木病虫害进行预防和治疗,贯彻"预防为主、综合防治"的基本原则。

预防为主,就是根据病虫害发生规律,抓住薄弱环节和防治的关键时期,采取经济有效、切实可行的方法,将病虫害在发生危害之前,予以有效控制,使其不能发生或蔓延,以保护树木免受或少受损失。

综合防治,就是从生产的全局和生态平衡的总体观念出发,充分利用自然界抑制病虫害可能发生的各种因素,创造不利于病虫害发生和危害的条件,有机地采取各种必要的防治措施。一是加强苗木检疫,防止危险性病虫害的引入;二是选择抗病虫害的树木种类和加强树木养护,提高其抗病虫害能力;三是直接消灭病原物和虫害。

二、草皮的种植及养护

草皮在高等级公路及城市道路绿化中应用较多,主要应用于路肩、边坡、路堤、分隔带、交通岛及沿线空地等。公路种植草皮能防尘固沙,防止水土流失,巩固路基,调节气候,吸附有害物质,达到绿化、美化、净化公路环境的效果,从而有助于提供安全、舒适、优美的行车环境。

1. 草皮的种植

(1)草种选择

草种选择是种植草皮的关键。公路绿化草种的选择要因地制宜,宜路适草。一般来说,本地草种适应能力强,故应首选本地草种;如需从外地调用草种,则应尽量选用生态形式相同或相近的草种,但要先进行引种试验,待引种试验成功后再推广。

通常适合公路种植的草种,应具有易繁殖、耐修剪、耐践踏、生长迅速、生长期较长、抗旱、抗热、耐寒、耐潮湿等特点。常用公路草种如表4-3所示。

公路常用草种　表4-3

种名	科名	分布	习性	繁殖方法	用途
假俭草	禾本科	华东、中南,华南	耐旱、喜肥	播种、扦插铺植	根深、保护边坡
狗牙根(绊根草)	禾本科	全国各地	阳性、耐旱、耐热、耐贫瘠	播种、铺植	保土、固坡
聚合草	柴草科	全国各地	喜肥、喜光、覆盖能力强,要求土壤排水良好	播茎	公路边坡护路
细叶结缕草(天鹅绒草)	禾本科	长江以南,北方不能露地越冬	低矮、喜光、排水良好,耐践踏、不耐阴	插茎、铺植	草坪、固坡
野牛草	禾本科	长江以北各地	耐热、耐寒、耐旱	播种、铺草	行道树下、公路草坪
结缕草(老虎皮草)	禾本科	全国各地	喜光、耐旱、耐寒、耐践踏	播种、播茎铺植	护坡
羊胡子草	莎草科	北方地区	喜光、在半荫下可以生长,要求排水良好,具有一定的耐寒力	播种、分根	北方草坪
细叶早熟禾	禾本科	东北、西南、黄河流域	低矮、耐旱、耐寒、耐阴、喜湿润土壤,在稍酸土壤上可生长	播种、分植	公路草坪、护坡

(2)种植技术

目前种植草皮的方法有三种,即播种、播茎和铺植。

①播种。把草皮种子(或种子与细土混合均匀)采用撒播或条播,一般在春季或秋季进行。播种量可根据经验确定,例如,狗牙草每亩0.5kg,假俭草每亩5~7kg,结缕草每亩6~7kg。

②播茎。葡萄茎发生较强的草种,如细叶结缕草、狗牙根等,可采用播茎。其方法就是将草皮掘起、抖落或用水冲掉根部附土;分开根部,用剪刀剪成小段,每段至少具有一节,一般每小段长为4~10cm;将茎的小段均匀撒播,覆压1cm厚的细土,稍予填压,及时喷水,以后每天早晚各喷一次,待生根后,逐渐减少喷水。播茎一般在春季发芽开始时进行。

③铺植。铺植草皮在公路绿化中应用较为常见,主要有密铺、间铺、条铺、点铺(见表4-4)。其基本步骤是:掘起草皮,取一定宽度的木板放于草皮上,沿木板边缘切取草皮,厚度一般为3~5cm,同时将草皮卷起捆扎好。运输草皮,注意用湿布覆盖草皮。按设计要求铺植草皮,草皮铺植完毕后,在草面上用木板或滚轴压紧压平,使草面与四周土面平,这样可使草皮与土壤密接,以防干旱,在铺植草皮前或铺植后应充分浇水。草皮的铺植一般在春秋两季进行,雨季铺植最易成功。

草皮及铺植方法比较表　　表4-4

密　铺	间　铺	条　铺	点　铺
全部铺满	铺砖式或梅花式	平行铺植	方块铺植
宽20~30cm,长2m	长方形	宽5~10cm的长条	5~10cm的方块
草皮接缝处相距1~2cm	各块相距6cm	各条间相距20~30cm	各点间相距20~30cm
铺植面积为95%以上	铺植面积为全面积的33%~50%	铺植面积为全面积的25%~33%	铺植面积为全面积的15%~20%

2.草坪的养护

草坪从建植起,为了保证其绿化效果,要经常进行养护。否则,不管质量多高的草坪,多合理的选择,最终也会因管理不当使草坪过早退化。草坪绿地的主要养护管理有剪草、施肥、浇水、清除杂草和防治病虫害等几项。

(1)剪草。剪草是草坪养护不同于树木、花卉养护的一个特有措施。剪草有利于刺激草坪草的旺盛生长,提高草坪的致密性和草坪的覆盖度。所以,剪草不仅是草坪利用上的需要,也是合理培育草坪的重要措施。中央分隔带及各景点草坪的剪草每年在4~9月份每月剪草一次,剪草留茬高度为3~4cm;边坡草坪每年5月、9月各进行一次,剪草留茬高度为6~7cm。

(2)施肥。草坪施肥以化肥为主,每年春季(3~4月份)施一次;秋季(8~9月份)施一次。春季以施氮肥(尿素、硝酸铵等)为主;秋季以施磷、钾肥(磷酸二铵、氯化钾)为主。尿素施用量幼坪15g/m²,老坪35g/m²;氯化钾施用量20g/m²。施肥方法为将肥料腐熟、过筛,并在草坪完全干燥时撒放,施完应拖平浇水。边坡草皮由于浇水困难,施肥最好在下雨前进行,以增强肥效。

(3)浇水。中央分隔带草坪浇水结合防眩树浇水同时进行,浇水次数根据降水情况每年进行3~6次;景点浇水要利用喷灌或地面浇水随时进行。边坡浇水要采用不致引起坡冲刷的喷灌方式,用汽车拉水喷灌反复进行直至浇透。

(4)清除杂草。草坪常因杂草的入侵而影响美观,同时杂草与草坪争光、争水、争肥和争夺生长空间,影响草坪草的正常生长发育,降低草坪的品质。因此,草坪中的杂草必须及时清除。杂草的清除方法有:人工拔草、化学药物除草、物理机械除草及以草制草。

(5)防治病虫害。草坪植物病虫害的发生,可导致生长衰退,降低绿化观赏效果,情况严重时可给草坪植物带来巨大损害,造成大面积死亡。因此,在草坪的养护管理中,要随时注意病虫害的发生,做到早期发现,及时防治。草坪植物病虫害发生后的药物防治固然必不可少,但加强生长期的肥水管理仍是十分重要的,如适时浇水、施肥、打药,使草坪植物旺盛生长,增强自身抵抗能力,可有效抑制草坪病虫害的发生。

第三节　公路绿化管理

公路绿化的养护管理应坚持经常浇水、松土除草、修枝打杈、涂白防晒、培土防寒及病虫害防治等措施,严格管理,促进植物健康生长。

(1)因甘肃省大部分公路分布在干旱、半干旱地区,天然降水量少,故要以水为中心,因地制宜地逐步使用先进技术建立免灌公路生态系统,要研究土壤沙地覆盖技术,如地膜、纤维、粒石营养体、旱地龙、有机材料等技术。移植可使用保水剂、防蒸发剂及植物生长促根剂等。

(2)在春、夏植物生长旺盛季节要对绿化植物进行松土和除草,除草、松土应结合进行。松土深度随植物种类、大小而定,以5~6cm为宜,应除掉杂草根系,注意不伤害绿化植物根系。风沙较大的地区,可不松土;对土壤瘠薄、生长不良的绿化植物,尤其是果树和珍贵苗木种类,应予施肥,促进生长;各类苗木如栽后枯死,应急时补植。补植的苗木应与原栽植苗木的种类相同,其规格应大于原植苗木规格。对于已基本成材的行道树,除株距>20m补栽后不影响生长者外,可不补栽。

(3)路树及花、草,要严防病虫害的发生,做到"防重于治"。根据各类绿化植物病虫害发生、发展和传播蔓延的规律及时进行检查。一旦发生病虫害,应采取相应防治措施,确保绿化植物正常生长。

(4)要定期给路树修枝整形,保持正常的冠幅,坚决防止把树冠剪成"蜡杆形",灌木及花、草也要根据景观的需要,定期进行修饰和管理,增进路容路貌的美观。修剪时期,应在秋季植物落叶后或春季萌芽前进行,并符合下列要求:

①修剪时,主要应将乔木、灌木的枯枝、病枝、弯曲畸形枝、过密枝以及已侵入公路建筑限界、遮挡交通标志、影响视距的枝条及时剪除。

②交通比较繁忙的路段以及风景游览区的绿化植物或风景林带,应根据不同树种及其特性修剪。

③根据花卉植物的生长发展规律修剪,促进开花结果。

④草皮的修剪,随草的种类和生长环境不同而异。草高不超过15cm,以免叶茎过长,影响排水,遮挡阳光,通风不良,诱发病虫害。

(5)建档定责:各公路管理单位要有专人负责,对乔木应按每株树建档,灌木花卉、草坪按区域划分成块建档,认真记录苗木栽种、管护、检查等方面的情况,发现问题及时采取措施,保证绿化的成活率和保有率。表4-5~表4-8为几种公路绿化统计用表。

公路绿化里程表 表4-5

线别及线段　　　　年　月　日　　　　单位:km

路线名称	总里程	已绿化里程	未绿化里程	不可绿化里程	备注

公路乔木总量明细表 表4-6

线别及线段　　　　年　月　日

线路名称	公路树木		胸径6cm以下		胸径7~10cm		胸径11~20cm		胸径21cm以上	
	总株数	总蓄积量(m^3)	株数	蓄积量(m^3)	株数	蓄积量(m^3)	株数	蓄积量(m^3)	株数	蓄积量(m^3)

公路树木及花草明细表 表4-7

线别及线段　　　　年　月　日

路线名称	乔木			灌木		种草		种花	
	树种	株数	蓄积量(m^3)	树种	株(丛)数	种类	数量(m^2)	多年生(m^2)	一年生(m^2)

公路绿化活动明细表　　表 4-8

线别及线段　　　　年　月　日

路线名称	新增绿化数量								路树采伐			绿化受害情况					
	乔木		灌木		草		花					砍伐破坏			病虫危害		
	里程(km)	株数	里程(km)	株数	长度(m)	面积(m^2)	长度(m)	株数	里程(km)	株数	蓄积量(m^3)	次数	株数	蓄积量(m^3)	种类	里程(km)	株数

(6)更新采伐:公路树木属于防护林体系,确属下列情况之一者,方可履行报批手续后采伐更新:

①经有关部门鉴定,树木确实已进入衰老期;

②改建或其他专项工程需要伐树时;

③发生大规模的病虫害,经鉴定确需采伐时;

④其他特殊情况时,如战备、救灾、抢险搭桥保证通行者,可先行采伐,再补办报批手续。

树木的采伐,应由采伐单位呈报申请书,经基层养护管理部门和县级林业部门认可盖章后,然后报公路管理部门批准。树木采伐证由公路管理部门统一印制与编号。凡未经办理批准,无证采伐者,事后又不补办采伐手续者,均为非法行为,依照《中华人民共和国森林法》等法规提交有关部门予以惩处。

采伐单位在办理采伐工作之前,应提前做好采伐区段的绿化更新设计与实施方案,以便尽快恢复。批准采伐的乔木,按实际采伐数量进行检测、作价、入库,完善有关手续,并报公路管理部门批准后实施。

路树采伐后要按限期完成更新幼树栽植,并按规定进行检查验收。合格者记入公路绿化档案,不合格者要继续完成补植任务。

第四节　公路环境保护

一、公路环境问题

1. 公路交通环境概念

公路交通环境,是与公路交通活动相关的影响人类生存和发展的各种天然的和经过人工改造的环境要素的总和。公路环境要素,包括社会环境和自然环境(如生态环境、声环境、空气环境、水环境、景观环境等)。

2. 公路交通环境问题

公路交通环境问题,包括环境污染及资源破坏两方面。

(1)公路交通环境污染。公路交通环境污染,是指与公路交通相关的人为活动向环境排放的某种物质和能量,使环境恶化的现象。公路交通环境污染主要有以下三个方面:

①汽车尾气中的CO、CO_2 等有害气体,是城市大气污染物的主要来源。

②交通噪声,是人类所接收到的最大噪声源。

③公路沿线服务设施的固体垃圾、污水及路面径流对地表水环境及土壤环境的污染。

(2)公路交通资源破坏。公路交通资源破坏,是指与公路交通相关的人为活动使自然遭受损失。公路建设对自然资源的破坏包括以下三个方面：

①选线不当破坏了沿线生态环境。

②防护不当造成的水土流失，如坡面侵蚀与泥砂沉淀等。

③公路带状延伸破坏了路域自然风貌，造成环境损失。

环境污染与资源破坏，最终都将影响生态系统的平衡，造成生态破坏。公路交通建设项目表现出来的主要环境影响，是对自然资源的破坏。为此，人们将公路建设项目归类为“非污染生态型建设项目”。公路建设项目的环境影响评价，除满足污染型建设项目环境影响评价导则的要求外，还应执行《非污染生态型建设项目环境影响评价导则》。在环境影响评价中，也应注重生态系统的影响评价。

二、公路环境保护的基本要求

环境保护是指人类有意识地保护自然资源并使其得到合理地利用，防止自然环境受到污染和破坏；对受到污染和破坏的环境必须做好综合治理，以创造出适合人类生活、工做的环境。而公路环境保护是基于生态可持续发展原则调节与控制“公路工程与路域环境”对立统一关系的发生与发展。

公路环境保护应执行国家环境保护法规及有关规范，按如下的基本要求开展工作。

(1)以防为主、防治结合。公路环境保护最有效的措施，是路网规划和路线布设时考虑环境因素，通过全面规划和合理布局，将环境影响降至最低程度。在此基础上，采取必要的环境治理措施，实现环境保护目标。

(2)执行环境影响评价制度。编制环境影响报告书或环境影响报告表，是国家对建设项目(包括新建、改扩建)实行强制性环境保护管理的制度，是对建设项目从环境方面做可行性研究报告。对建设项目具有一票否决权的作用。环境影响报告书或报告表，是建设项目工程设计中的环保工程设计、环境保护设计、施工期和营运期的污染防治措施及环境管理的依据。为更好地执行环境影响评价制度，原交通部颁布了《公路建设项目环境影响评价规范》(JTG B03—2006)，但由于交通行业环境影响评价工作开展时间较短，关于道路项目环境影响评价的技术方法、工作内容及其管理等正在研究完善之中。

(3)治理综合性原则。环境综合治理有两层含义：一是必须采取法律的、行政的、技术的、经济的综合措施来实现环境保护；二是为防治环境污染，改善环境质量应考虑多种技术措施综合治理，以达到环境保护最佳效果。

(4)技术、经济合理。实施环境保护措施时，应作多方案分析论证，以达到技术可靠、经济合理，使环境效益和社会效益最佳。此外，还应使环保措施可能产生的负面影响最小，或为防止负面影响的投资最小。

(5)实行“三同时”原则。根据国家《建设项目环境保护管理办法》的规定，经环境影响评价及有关部门审批确定的环境保护措施，如管理区、生活服务区、收费站等的污水处理设施及其他环保设施，应与主体工程同时设计、同时施工、同时投入营运。由于道路交通噪声对环境的影响与交通量有关，根据环境影响预测评价，噪声防治设施可采取分期实施方案。

(6)加强环境管理。管理工作是环境保护的关键。在我国，由于道路交通环境保护工作开展较晚，环境管理亟待加强。首先应建立和健全各级环境保护机构，明确职责；其次是制定相关环境管理法规，明确道路交通建设各环节的环境管理要求与目标，使环境保护工作切实有效。

三、公路环境保护的工作内容

环境保护是一项基本国策，我国公路建设项目的设计和施工，历来十分重视对自然环境的保护工作。公路作为主体工程从前期工作一开始就不可忽视对环境的影响，在设计阶段就应重视环境保护工作，妥善处理好主体工程与环保之间的关系，尽可能从路线方案、技术指标的运用上合理取舍，而不过多地依赖环境保护设施来弥补。当公路工程对局部环境造成较大影响时，应进行主体工程方案与采取环保措施间的多方案比选，将重点放在"预防"措施或方案上，充分体现环境保护工作的主动性。也只有这样才能做到公路建设与环境保护的协调发展，才能保障公路建设的可持续性发展。

公路工程线长、面广，在施工期与营运期对沿线自然环境、生态环境、社会环境、声环境、空气环境、水环境以及水土流失等均会产生不同程度的负面影响。公路环境保护应贯彻以防为主、以治为辅、治理综合性的原则，并结合工程设计开发利用环境，尽可能地改善和提高公路环境质量，在公路工程建设项目的各个阶段必须进行环境规划，开展相应的环境评价和水土保持工作，做好环境保护设计。如可行性研究阶段应进行环境影响预测评价；初步设计阶段应针对环境影响评价报告书(表)中的环境保护评价意见，进行环境质量现状评价，拟订环境保护总体设计方案并进行论证，提供水土保持大纲；在施工图设计阶段应根据审定意见提供环境保护工程设计(包括水土保持报告)等。目前，很多专家学者提出：公路营运一段时间后，还应进行后评价。

公路环境保护必须贯彻"经济效益、社会效益与环境效益统一"的方针，各种环境保护设施应因地制宜，做到技术可行、经济合理、效益显著。环境保护设施的设计年限应同该公路的远景设计年限一致，声屏障等部分环境保护设施可视交通量增长情况分期实施。

1. 公路环境保护工作项目

如仅就公路建设项目管理来谈，其包括的环境保护工作项目主要有以下六个方面：

(1)项目可行性研究阶段：项目的环境影响评价，提交项目环境影响报告书。

(2)项目初步设计及施工图设计阶段：环境保护设计。

(3)项目招(投)标阶段：在招标文件、工程合同及监理合同中纳入环境保护条款。

(4)项目施工期：环境保护设施的施工及环境保护监理。

(5)项目竣工和交付使用阶段：环境保护设施验收、环境后评价。

(6)公路营运期：环境保护设施的运行、维护及处理环境问题投诉。

2. 公路工程的环境保护工作

公路工程的环境保护工作，可以分为公路建设期的环境保护工作和公路营运期的环境保护工作。公路建设期的环境保护工作，又可分为项目建设前期工作的环境保护和公路施工期的环境保护工作。

(1)公路建设期的环境保护工作

①项目建设前期工作的环境保护工作。项目建设前期工作的环境保护工作，主要涉及的就是环境评价和环境工程设计。

a. 环境评价。公路环境评价的目的和意义可概括为：一是从环境保护角度出发评价公路选线的合理性，对路线方案的可行性和项目的可行性提出评价意见和结论；二是提出必要的环境保护措施，使项目对环境的不利影响减少到可接受的程度；三是预测项目的环境影响程度和范围，为公路沿线社区发展规划提供环境保护依据。按国家的有关规定，建设项目的环境影响评价工作应在项目可行性研究阶段完成。但考虑到公路等项目工可阶段与初设阶段的线位可能有较大的变化，国务院在第253号令《建设项目环境保护管理条例》中的第九条又作了专项规定，即“铁路、交通等建设项目，经有审批权的环境保护行政主管部门同意，可以在初步设计完成时报批环境影响报告书或者环境影响报告表。”这样做，可以提高环境敏感点的预测评价精度，提高环境保护措施的可行性，从而进一步提高环境影响评价工作的有效性，便于落实环境保护“三同时”。

b. 公路设计阶段的环境保护设计。《公路环境保护设计规范》（JTJ/T 006—2002）规定，对高速公路、一级公路以及有特殊要求的公路，如从风景名胜区、自然保护区、林区等区域经过的公路，应重视保护环境与自然环境的协调，必须在主体工程设计的同时进行环境保护设计。

公路项目的环境保护设计，贯穿于项目各个设计阶段和主体工程设计的各个组成部分。从公路的路线设计、路基设计、路面设计、桥涵设计、沿线设施设计都无不与环境保护或水土保持有关系。要搞好公路的环境保护工作，应执行国家和行业主管部门颁发的相关法律和法规。

环境保护设计方案与公路沿线农业生产、城镇分布、自然及人文景观、社会经济发展水平等环境特征相关，还与地形、地貌、公路等级、工程投资规模等建设条件相关，环境保护方案设计应综合分析上述因素，在主体工程设计的同时作出切合实际的安排，保证总体设计的同时兼顾专项设计。

②公路施工期的环境保护工作。公路施工期的环境保护工作，实际上就是在项目施工过程中实行环保监理，这是项目全过程环境保护管理不可缺少的环节，也完全符合国家关于环境保护“三同时”的原则。

公路施工期的环境保护监理，实质就是施工活动过程中的环境管理工作。要实施环境保护监理，必须与整个项目的施工组织管理紧密结合。要以项目的环境影响报告书、环境保护行动计划及相关的环境保护及资源保护的法律法规为依据，强化工程管理人员、监理工程师、承包商和施工人员的环境保护意识，使环境保护管理工作制度化、规范化、合理化。

环境保护监理的主要工作环节有以下三个方面：

a. 承包商编制环境保护措施报告表，上报监理工程师审核批准；

b. 监理工程师核查环境保护措施的实施情况，作为工程验收的考核内容；

c. 对施工现场进行环境监测，以便掌握环境质量动态，及时调整环境保护监控力度或环境保护措施。

公路施工期环境保护除水土保持外，涉及环境污染的项目较多，一般包括空气污染、光污染、噪声污染、污水污染及固体废弃物污染等。

公路完工后，在进行公路工程竣工验收前，业主应向批准项目环境影响报告书的环境主管部门申请进行环境保护设施专项验收。验收内容主要是核查环境影响报告书中提出的环境保护措施的落实情况，以及环境保护设施的完成和运行情况等。环境保护设施验收是一种行政验收，有关主管部门必须明确作出通过验收、限期验收或不通过验收的验收意见，验收不合格的项目不能投入营运。

（2）公路营运期的环境保护工作

公路在营运期对环境的影响主要有：路基可能发生的崩塌、水毁；危险品运输可能发生的泄漏；汽车营运产生的汽车尾气和噪声污染；公路附属服务设施产生的固体废弃物及污水等。因此，营运期的环境保护工作，除继续落实项目环境保护计划和环境监测计划外，还应做好环

境保护设施的维护，并根据环境监测结果和沿线居民的环境投诉，适时调整环境保护措施的实施方案。

应注意提高公路养护水平，保持路面平整度，保证车辆运行不产生异常的噪声。在路面的养护中，应注意公路筑路材料的回收及再生利用。引进土壤改良剂、保水剂和水土保持剂等材料，用于绿化养护以节约浇水费用，提高绿化和水土保持效果等。

第五章　公路养护安全作业

公路养护的目的是最大限度地延长公路设施的使用寿命，保障行驶车辆安全、畅通，给驾乘人员创造舒适的通行环境。它的核心工作是保障通行车辆的安全，为社会和人民造福，因此养护作业更要注重安全。

养护作业安全管理包括生产安全管理和交通安全管理两部分。由于公路养护所处的环境复杂，出现安全事故的概率大，养护作业涉及的面比较广，对驾乘人员、作业人员、通行车辆、养护作业设备及作业现场附近的公路设施的安全都有影响，不仅关系到养护作业能否顺利进行，也关系到人民生命和国家财产安全，因此，养护安全比其他安全工作显得更为重要。加强养护作业安全管理有着极其重要的意义。

第一节　养护维修作业控制区

一、养护维修作业控制区的划分

养护维修作业控制区是指为公路养护维修作业所设置的交通管理区域，分为警告、上游过渡、缓冲、工作、下游过渡和终止等六个区域。其布置规定参见图 5-1 和图 5-2。

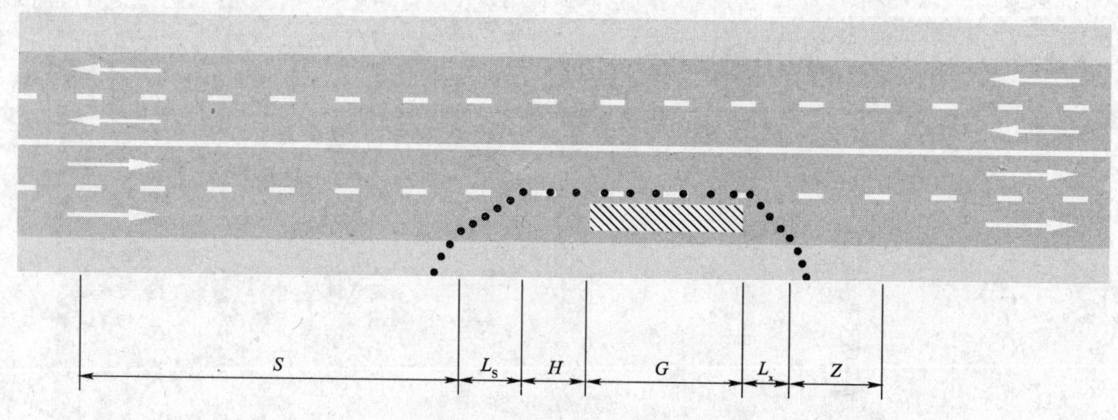

图 5-1　车道封闭时的作业控制区

S-警告区；L_S-车道封闭上游过渡区；H-缓冲区；G-工作区；L_x-下游过渡区；Z-终止区

1. 警告区

警告区是从作业控制区起点设置施工标志到上游过渡区之间的路段。用以警告车辆驾驶员已经进入养护维修作业路段，按交通标志调整行车状态。驶入警告区的车辆不需采取非常措施，只需驾驶人员有思想准备，顺利调整车速，逐步调整位置，与前方车辆保持有足够的安全距离，避免强行超车。不同等级的公路对该区域的长度布置要求不一，具体按照表5-1 选取。

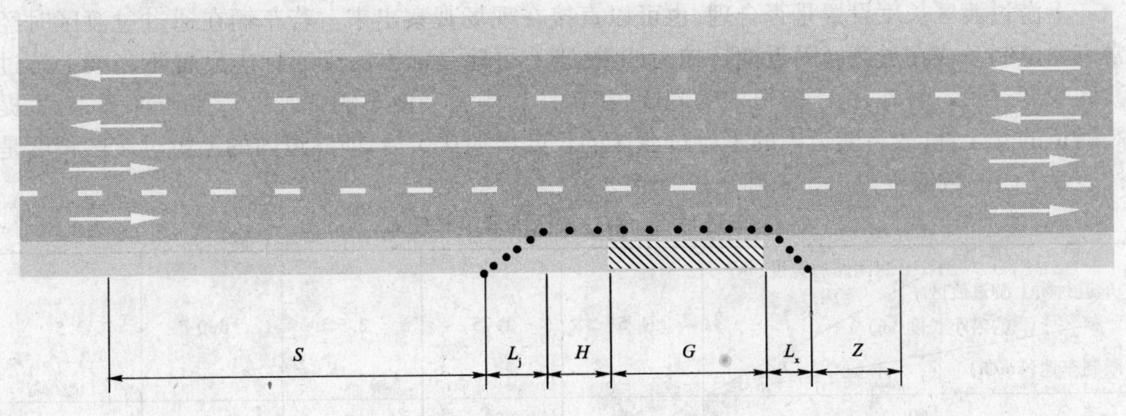

图 5-2　路肩封闭时的作业控制区

S-警告区；L_j-路肩封闭上游过渡区；H-缓冲区；G-工作区；L_x-下游过渡区；Z-终止区

警告区最小长度 S　　表 5-1

位　置	公 路 等 级	设计速度（km/h）	警告区最小长度（m）
路段	高速公路、一级公路	120、100	1600
		80、60	1000
	二、三级公路	80	1000
		60	800
		40	600
		30	400
各类平面交叉口		—	200

2. 过渡区

当工作区包含了一条或多条车道时，就需要封闭工作区所包含的车道。为了防止车流在改变车道时发生突变，需要设置一个改变车道的过渡区，以使车流的变化缓和平滑。过渡区一般有上游过渡区和下游过渡区两种。

（1）上游过渡区

在上游过渡区中，应包括车道封闭和路肩封闭两种情况。车道封闭上游过渡区的最小长度应按表 5-2 选取。路肩封闭上游过渡区的最小长度应按表 5-3 选取。

车道封闭上游过渡区的最小长度 L_S　　表 5-2

车道封闭上游过渡区的最小长度（m）/ 限制车速（km/h）/ 封闭车道宽度（m）	3.0	3.5	3.75
60	70	90	90
40	30	40	40
20		10	

上游过渡区长度设置是否合理，也可以直接在现场观察出来。若车辆在通过过渡区时经常有紧急制动或在过渡区附近拥挤较为严重，则有可能是前方的交通标志设置不当或上游过渡区长度过短。另外，由于隧道内的光线较暗，且其侧墙会使车辆驾驶员产生压抑感，为了提高隧道的安全性，故将隧道内的上游过渡区的长度增加0.5倍，即隧道内的上游过渡区长度是按表5-2内的数值乘以1.5来确定。

车道封闭上游过渡区的最小长度 L_j 表5-3

封闭路肩宽度(m) / 车道封闭上游过渡区的最小长度(m) / 限制车速(km/h)	1.5	1.75	2.5	3.0	3.5
60	20	20	30	40	50
40	20				
20	10				

(2)下游过渡区

下游过渡区是为了将车流再引入正常车道的一个过渡路段。若下游过渡区设置得当，将有利于交通流的平滑。下游过渡区的长度一般只要保证车辆有足够的路程来调整行车状态即可，所以可按30m取值。在利用对向车道来转移本向车流的情况中，本向车道的下游过渡区实际上就是对向车道的上游过渡区，因此设置要求与上游过渡区是相同的。

3. 缓冲区

缓冲区是过渡区到工作区之间的一段空间，它的设置主要考虑到假设行车驾驶员判断失误，有可能直接从过渡区闯入工作区，造成人员伤害和设备的损坏。所以缓冲区可以提供一个缓冲路段，给失误车辆有调整行车状态的余地，避免发生更严重的事故。因此，在缓冲区内一般不准堆放东西，也不准养护维修作业人员在其中活动或工作。为了更有效地保护养护维修作业人员，在过渡区与缓冲区之间，可以设置防冲撞装置，以加强防护作用。缓冲区的最小长度宜取50m。

4. 工作区

工作区是养护维修作业的工作场所，也是养护维修作业人员工作、堆放建筑材料、停放施工设备的地方。为了保证安全，在工作区与开放交通的车道之间要有明确的隔离装置。工作区的长度一般根据养护维修作业或施工的需要而定。工作区的布置，还要考虑为工程车辆提供安全的进口和出口。工作区长度应根据养护维修作业的需要确定。

5. 终止区

终止区为通过或绕过养护维修作业地段的车辆提供一个调整行车状态的路段。在终止区的末端应设有关解除限速或超车的交通标志，这样可使驾驶员明白已经通过了养护维修作业地段，并恢复正常的行车状态。终止区的最小长度宜取30m。

二、高速公路及一级公路养护维修作业控制区布置

1. 基本要求

养护维修作业控制区布置应考虑养护维修作业的内容与要求、时间和周期、交通量、经济效益等因素，控制区内交通标志的设置必须合理、前后协调，起到引导车流平稳变化的作用。工作区应设置工程车辆专门的进口和出口，出、入口应设在顺行车方向的下游过渡区内。

对于同一方向上的相同车道内，如果在不同断面要同时进行维修施工，断面的间距比较近

(一般在 1000m 以内)时,可以作为同一个作业控制区来布置;如果维修施工的断面间距比较远(大于 1000m),这时应在下一个工作区前端设置施工标志。如果在同一车道上连续布置了作业控制区,除了第一个作业控制区必须按规定的要求布置外,后续的作业控制区可以作适当简化。

如果是在同一方向不同断面的不同车道内进行维修施工,就会给车辆行驶造成困难,特别是维修施工的断面间距比较小时,车辆在通过不同的断面时需要不断改变车道,行驶轨迹变成了 S 形,这很容易发生车祸,所以一般不建议这样做。如果必须要同时维修施工,作业控制区的布设间距要足够大,至少要让车辆有一个平稳过渡的距离,本条规定了最小间距,高速公路必须不小于 1000m ,一级公路必须不小于 500m 。

单向多车道的中间车道需要养护维修作业,如果单独封闭中间车道,开放两边,活动范围较小,会给在作业控制区内的作业人员造成心理压力,应与相邻一侧车道同时封闭。

2. 养护作业控制区布置

在警告区内应设置施工标志、限制速度标志和可变标志牌或线形诱导标等;在上游过渡区起点至下游过渡区终点之间应放置锥形交通路标;在缓冲区与工作区交界处应布设路栏。控制区内其他安全设施可以视具体情况而定:

(1)当需要布置改变交通流方向的作业控制区时,可与中央分隔带开口位置相结合,利用非作业控制区一侧的车道。作业控制区布置示例参见图 5-3 ~ 图 5-8。当警告区范围内有入口匝道时,应在匝道右侧路肩外设置施工标志。

(2)立交区进、出口匝道养护维修作业控制区的布置,应根据工作区在匝道上的具体位置和匝道的长度而定,当匝道长度比表 5-2 中规定的警告区最小长度短时,作业控制区最前端的交通标志可设置于匝道的起点处,匝道养护维修作业控制区布置示例参见图 5-9 ~ 图5-13。

(3)在同一位置的作业时间在半天以内时,可适当减少交通标志,但应设置施工标志以及锥形交通路标,并应在上游过渡区内设置移动式标志车或配备交通指挥人员。临时定点养护维修作业控制区布置示例参见图 5-14、图 5-15。

(4)当养护维修作业位置移动时,可按实际条件作适当简化,移动养护维修作业控制区布置示例参见图 5-16。

三、二、三级公路养护维修作业控制区布置

1. 基本要求

控制区布置应兼顾养护维修作业的内容与要求、时间和周期、交通量、经济效益等因素,控制区内交通标志的设置应前后协调,起到引导车流平稳变化的作用。控制区上游因道路线形造成视距不良时,应在控制区上游的适当位置处增设施工标志。

2. 养护维修作业控制区布置

(1)在警告区内应设置施工标志、限制速度标志和可变标志牌或线形诱导标等;在上游过渡区起点至下游过渡区终点之间应放置锥形交通路标;在缓冲区与工作区交界处应布设路栏;在工作区周围应布设施工隔离墩或安全带。控制区内其他安全设施可以视具体情况而定。

(2)路段养护维修作业时,对于单向通行的情况,除必要的安全设施外,必须在工作区两端各配备一名交通指挥人员或设置交通信号控制灯。路段养护维修作业控制区布置示例参见图 5-17、图 5-18。

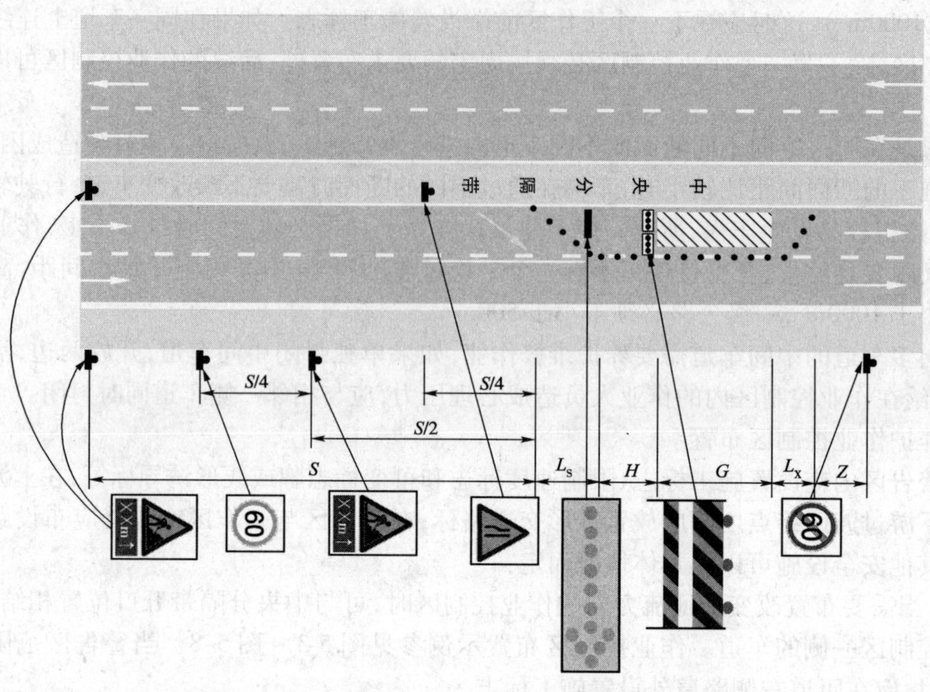

图 5-3　不改变交通流方向的内侧车道封闭养护维修作业

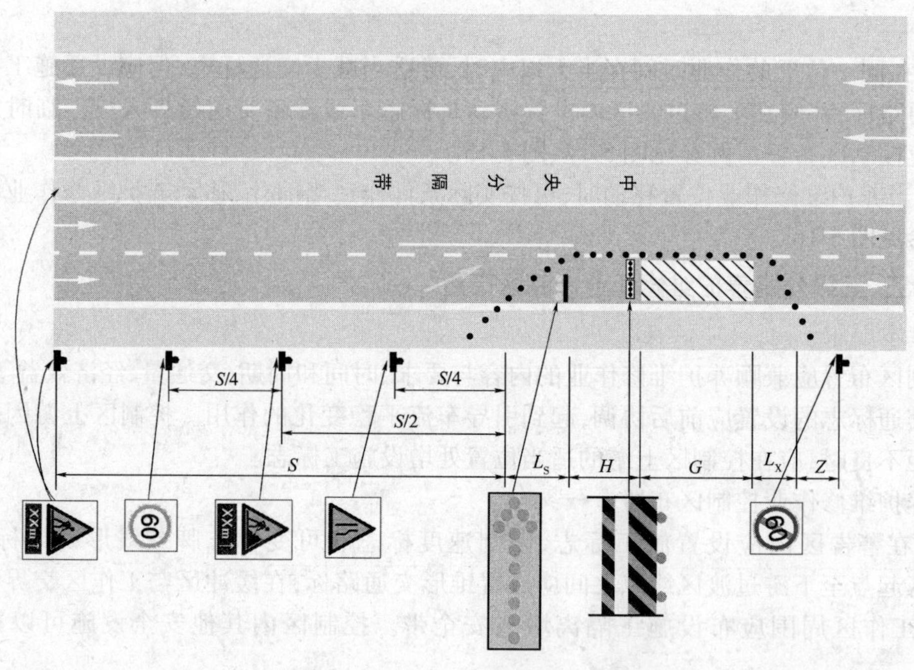

图 5-4　不改变交通流方向的外侧车道封闭养护维修作业

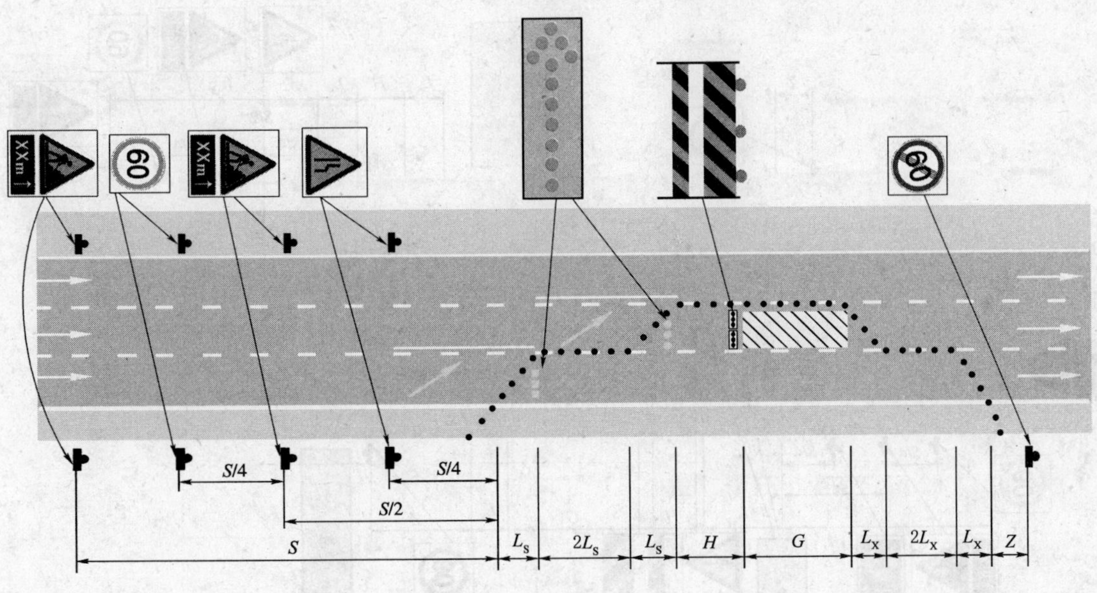

图 5-5　不改变交通流方向的单向三车道养护维修作业

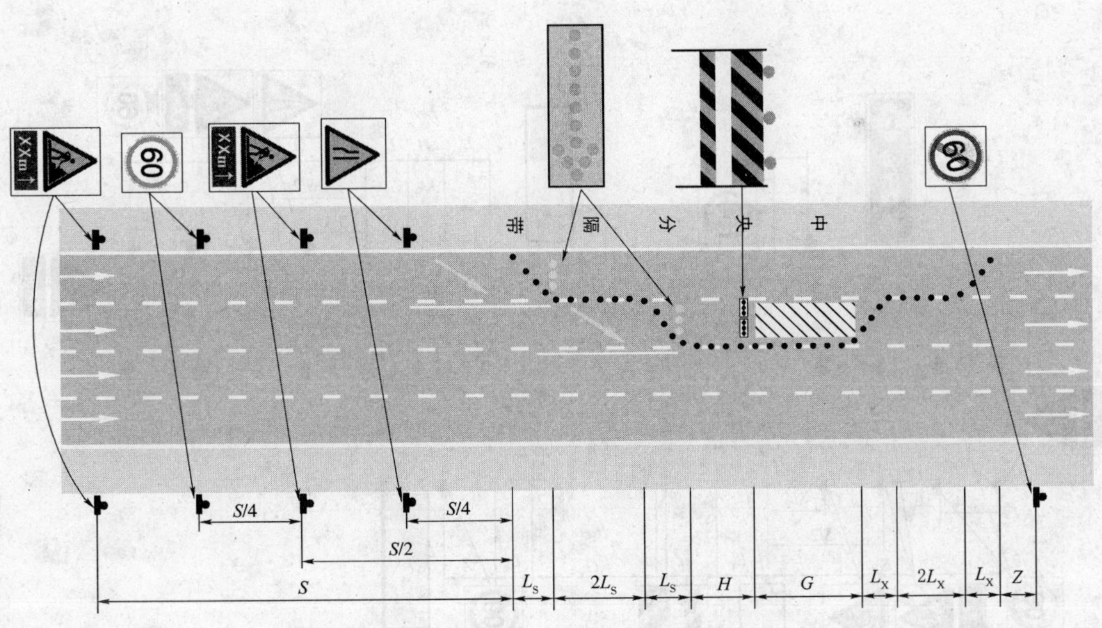

图 5-6　改变交通流方向的单向四车道养护维修作业

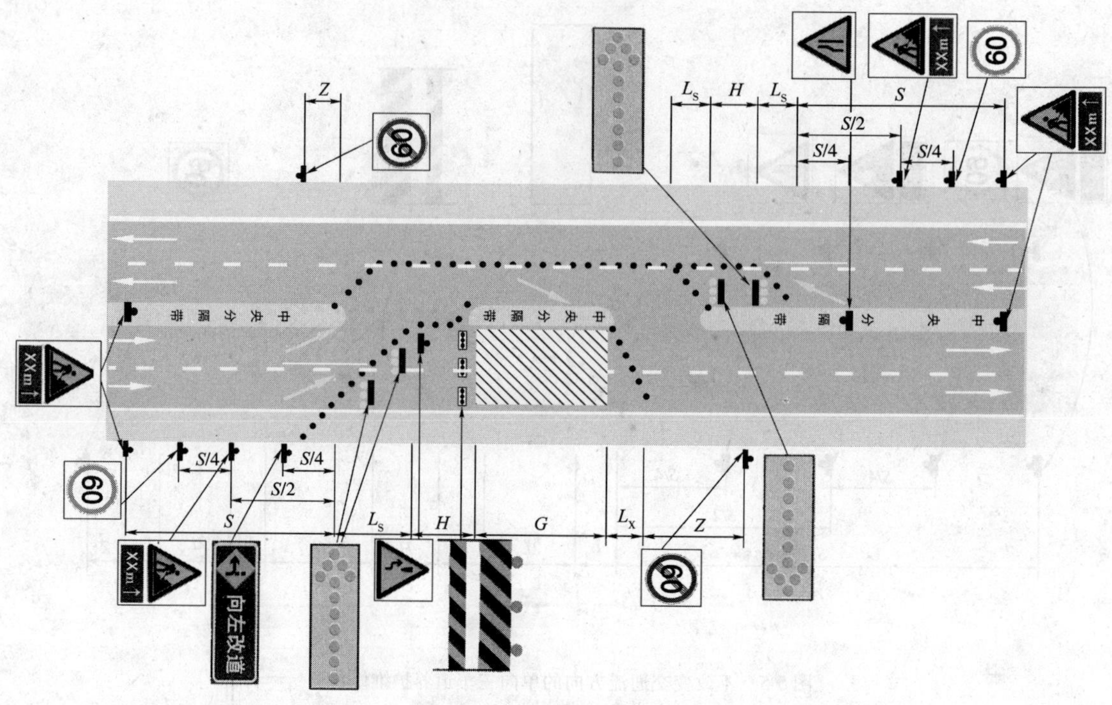

图 5-7　改变交通流方向的单向两车道养护维修作业

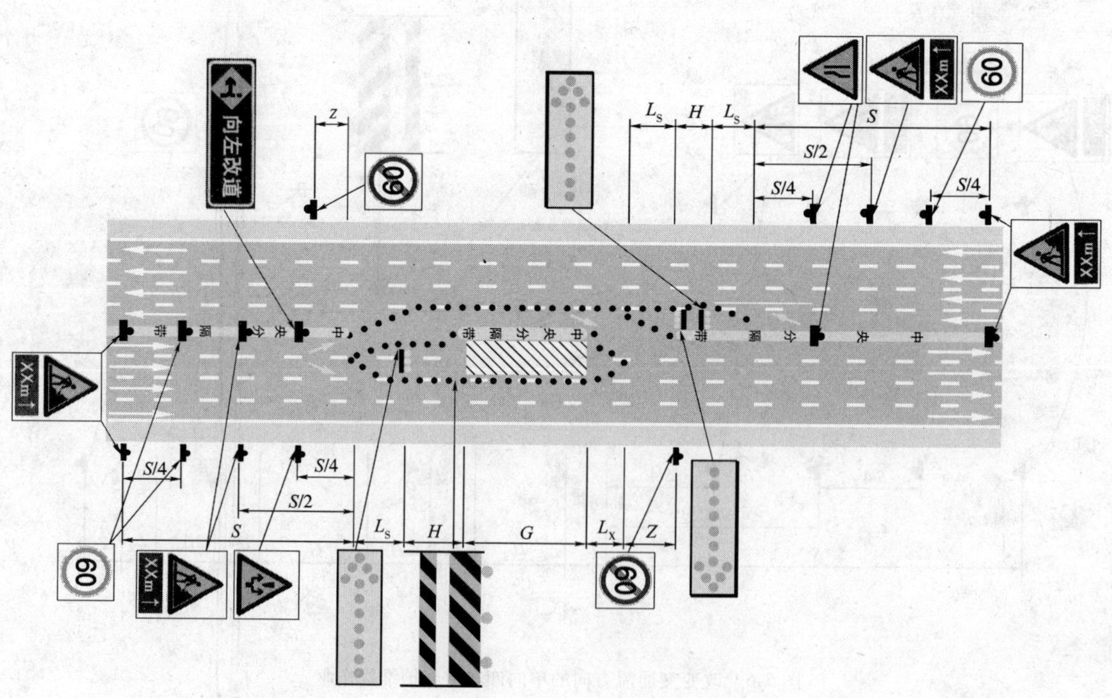

图 5-8　改变交通流方向的单向四车道养护维修作业

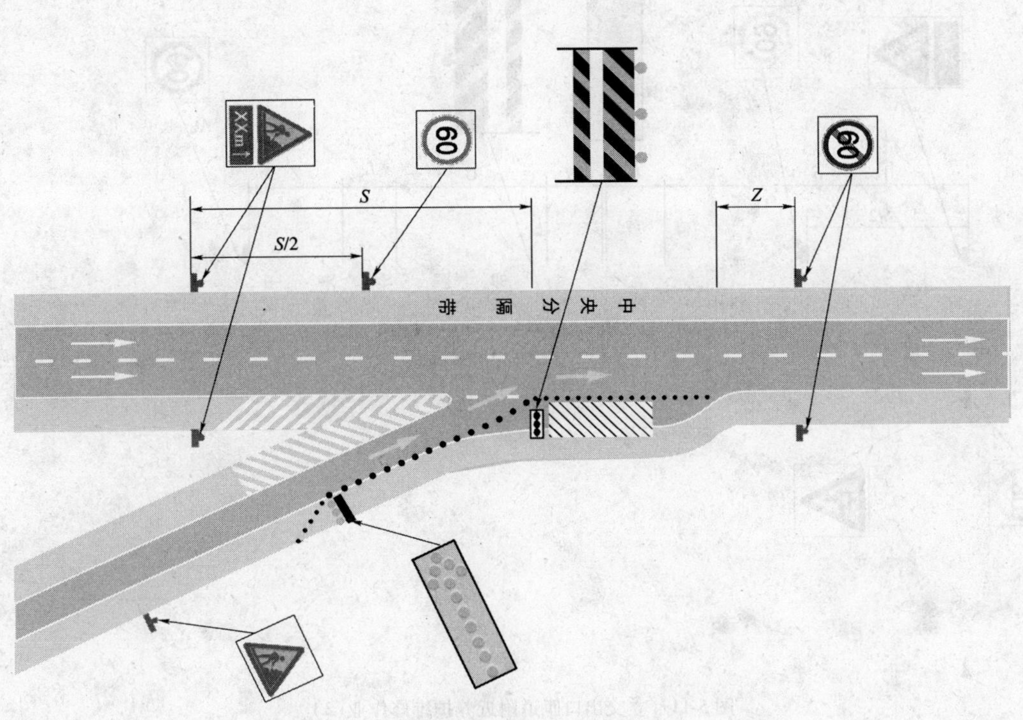

图 5-9　立交进口匝道附近养护维修作业(1)

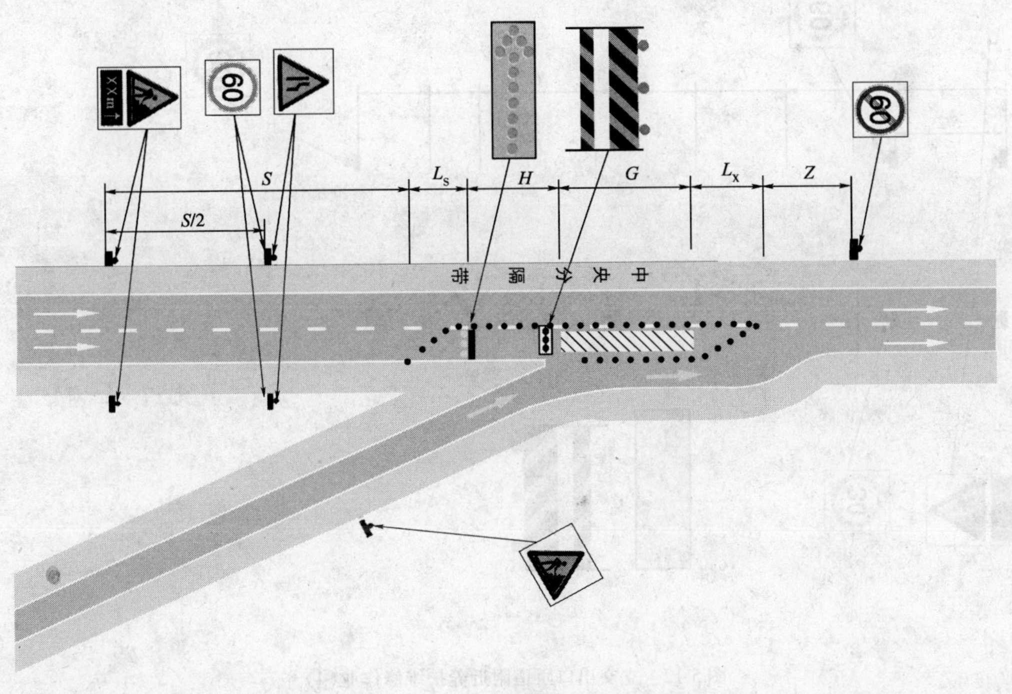

图 5-10　立交进口匝道附近养护维修作业(2)

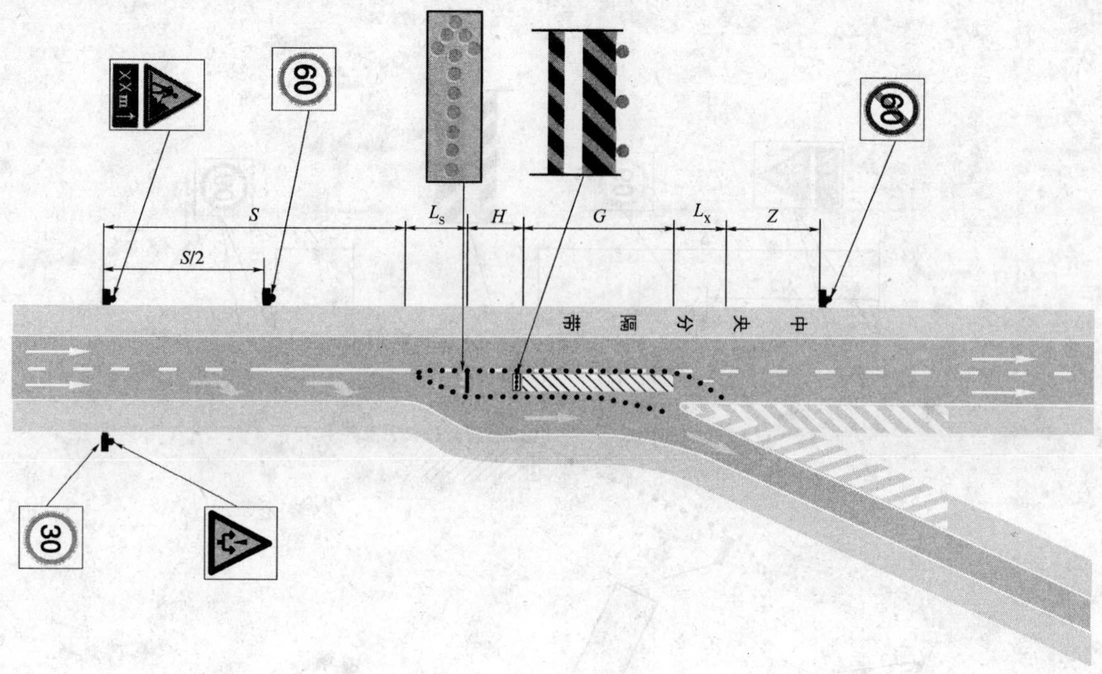

图 5-11　立交出口匝道附近养护维修作业(3)

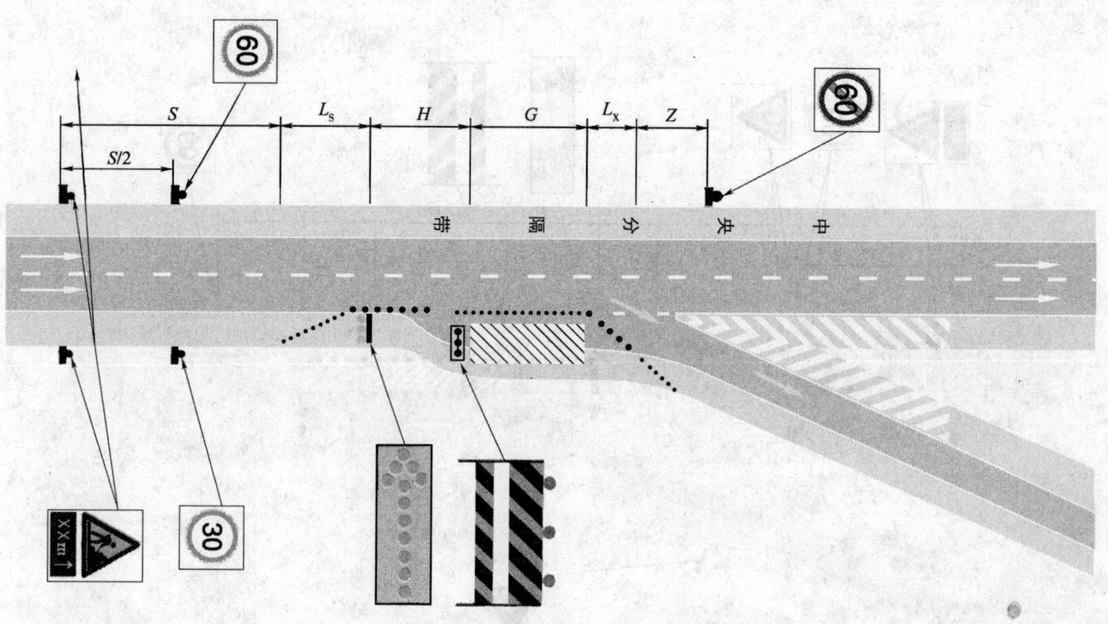

图 5-12　立交出口匝道附近养护维修作业(4)

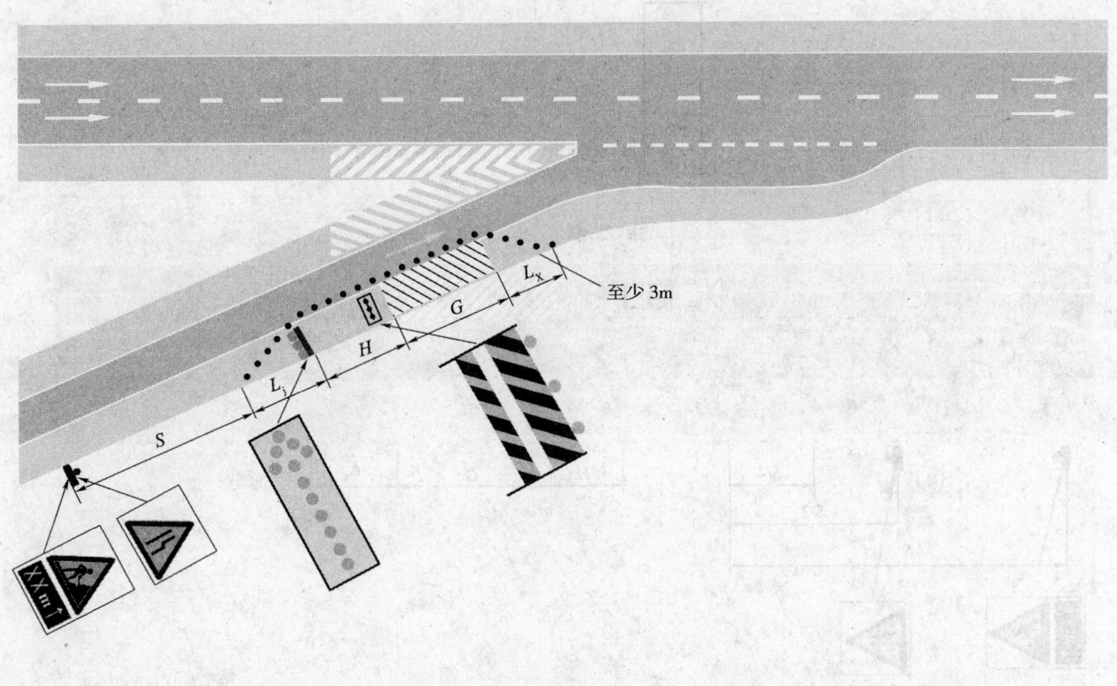

图 5-13 立交进口匝道上养护维修作业

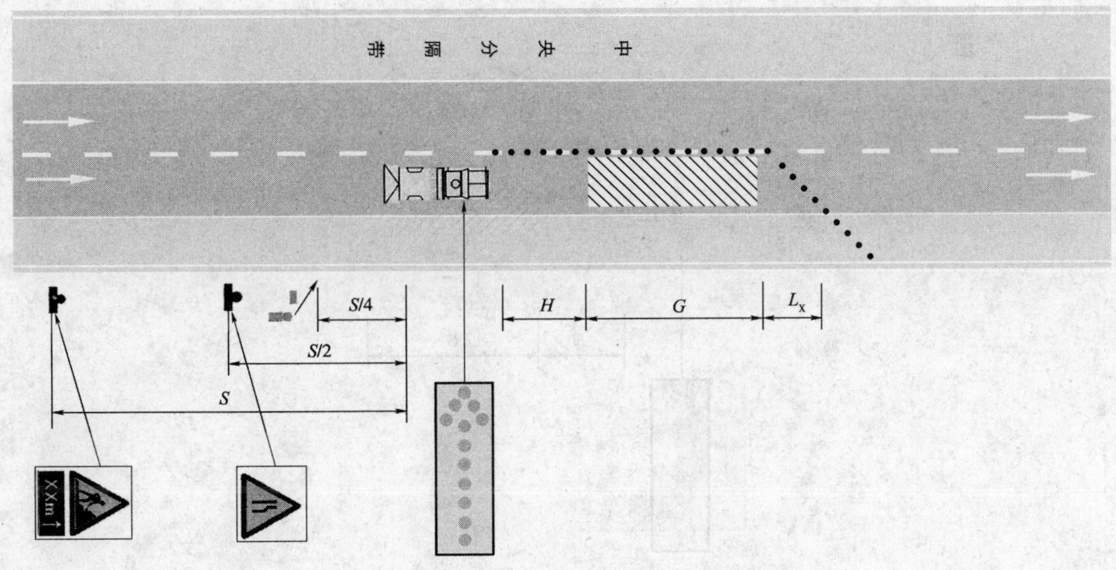

图 5-14 临时定点外侧车道养护维修作业

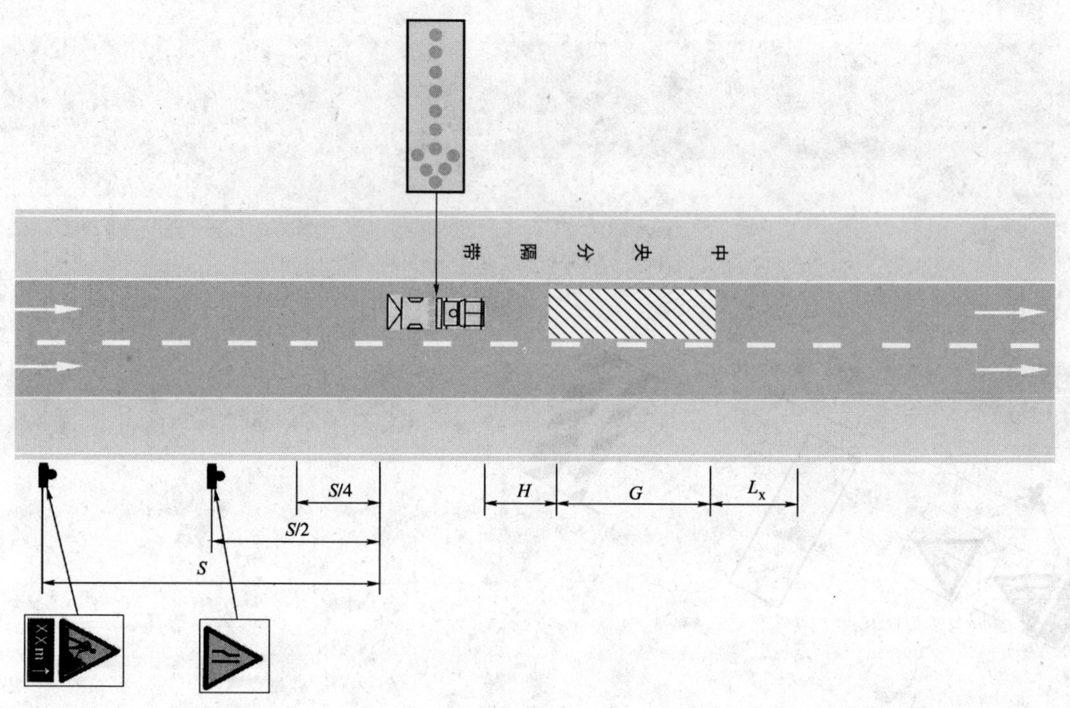

图 5-15　临时定点内侧车道养护维修作业

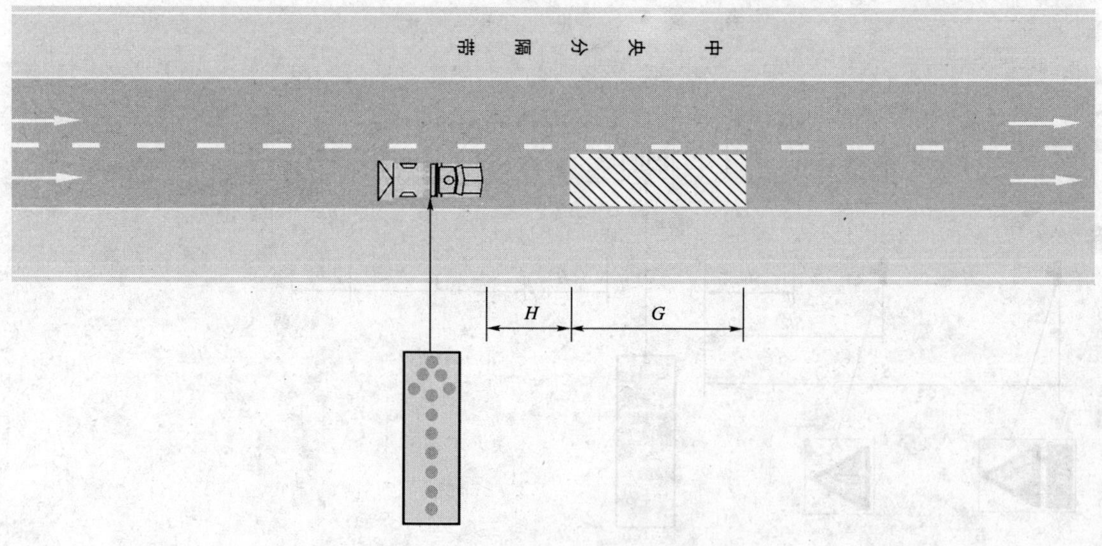

图 5-16　移动养护维修作业

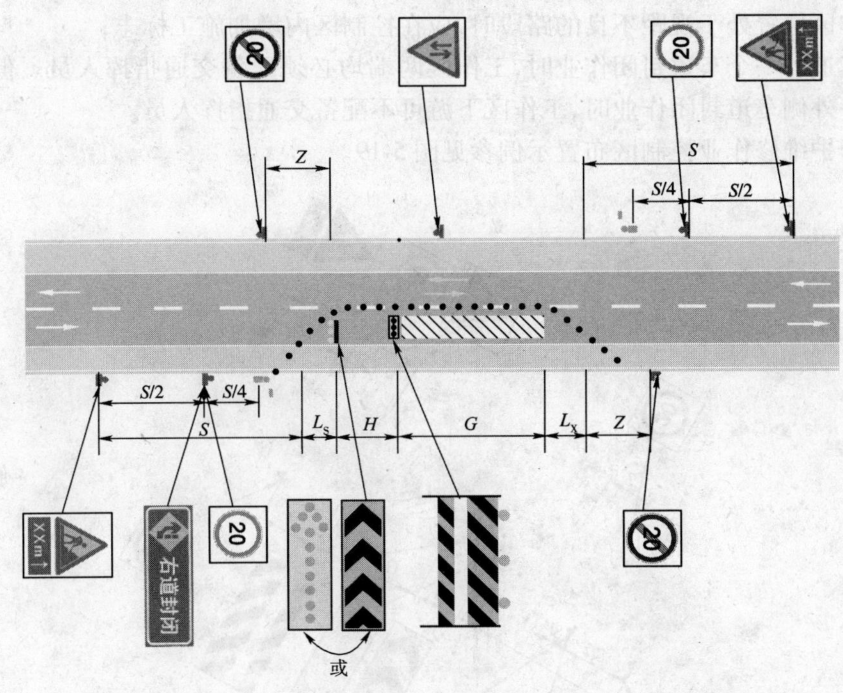

图 5-17　路段双车道一个车道封闭的养护维修作业

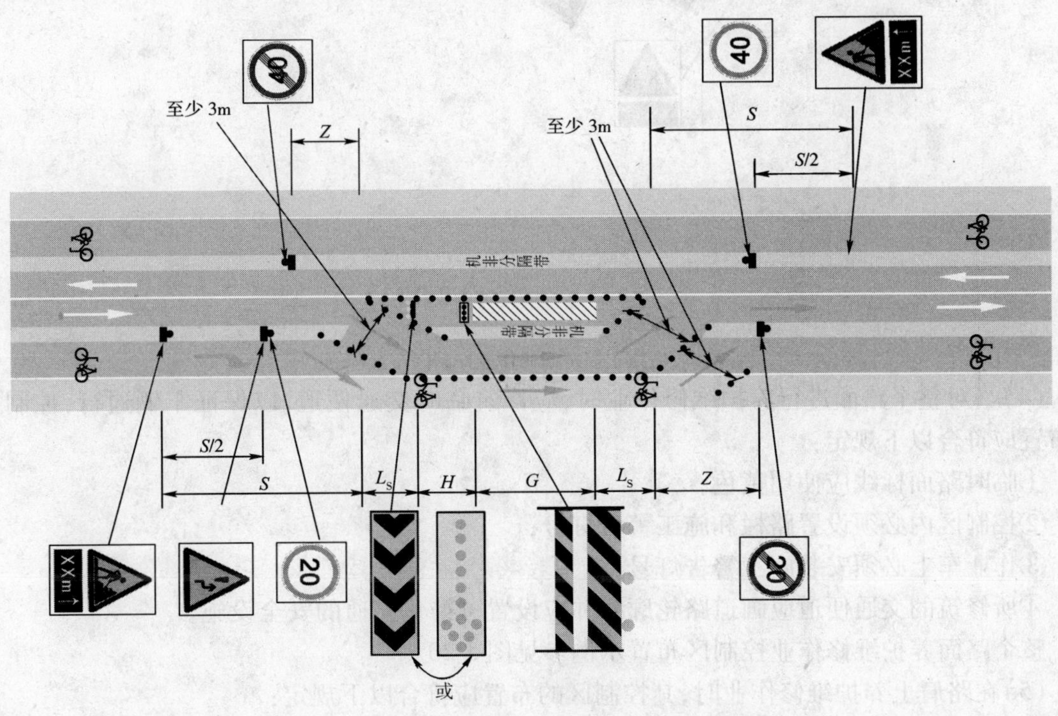

图 5-18　路段有非机动车道半幅路封闭的养护维修作业

(3)弯道上养护维修作业控制区布置应符合以下规定:

①当工作区位置处于视距不良的路段时,应在控制区内增加施工标志;

②当双车道的一个车道封闭作业时,工作区两端均必须配备交通指挥人员。但当单向两车道的其中一外侧车道封闭作业时,工作区下游可不配备交通指挥人员。

弯道上养护维修作业控制区布置示例参见图5-19。

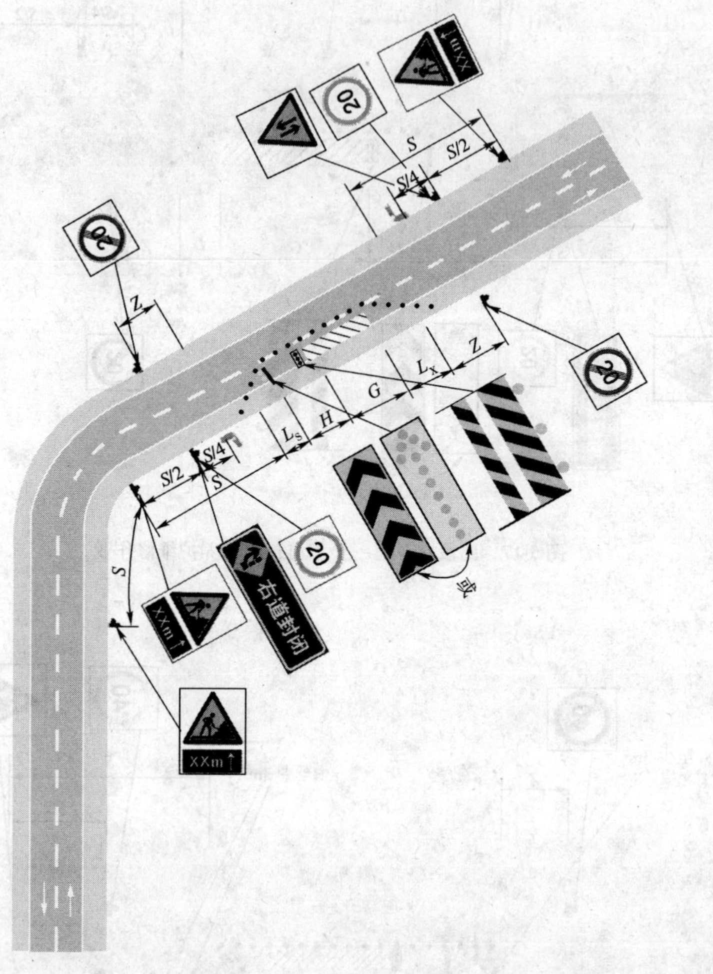

图5-19　弯道上养护维修作业控制区布置示例

(4)当对整个路面进行养护维修作业时,应修筑临时交通便道,以保证车辆通行,控制区的布置应符合以下规定:

①临时路面标线应使用黄色;

②控制区内必须设置路栏和施工警告灯号;

③作业车上必须安装施工警告灯号;

④所修筑的交通便道应画道路轮廓线并应设置可渠化交通的安全设施。

整个路面养护维修作业控制区布置示例参见图5-20。

(5)在路肩上养护维修作业时,其控制区的布置应符合以下规定:

①必须保证紧靠路肩的车道宽度大于3m;

②作业车上必须安装施工警告灯号;

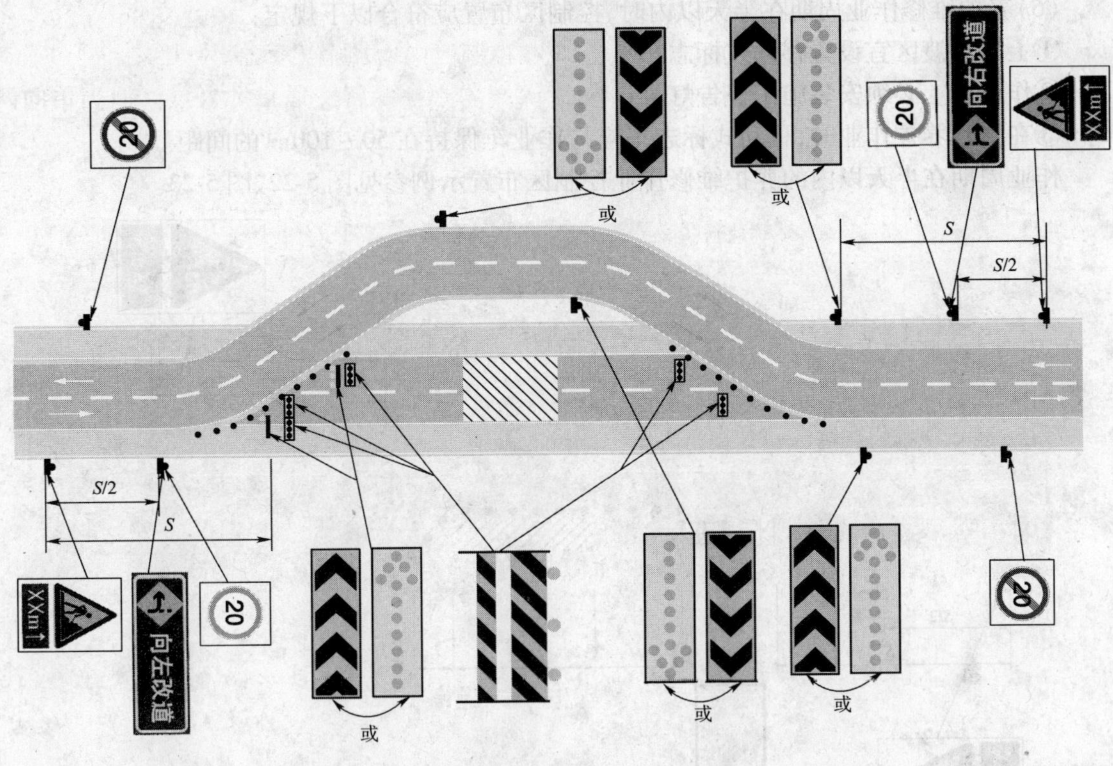

图 5-20 整个路面养护维修作业控制区布置示例

③若设置移动式标志车，可不设过渡区；

④当交通流量较大时，必须封闭紧靠路肩的车道，并按车道封闭要求布置控制区。路肩养护维修作业控制区布置示例参见图 5-21。

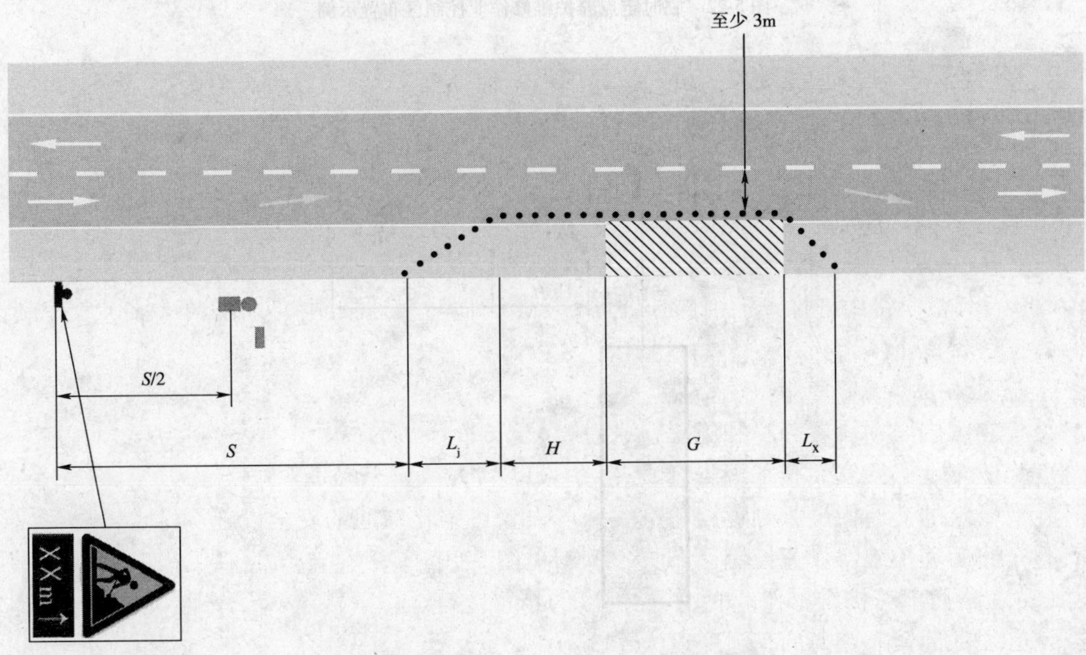

图 5-21 路肩养护维修作业控制区布置示例

(6)养护维修作业周期在半天以内时,控制区布置应符合以下规定:

①上游过渡区宜设置移动式标志车;

②作业车上必须安装施工警告灯号;

③在移动养护作业时,移动式标志车应与作业车保持在 50~100m 的间距。

作业周期在半天以内的养护维修作业控制区布置示例参见图 5-22、图 5-23。

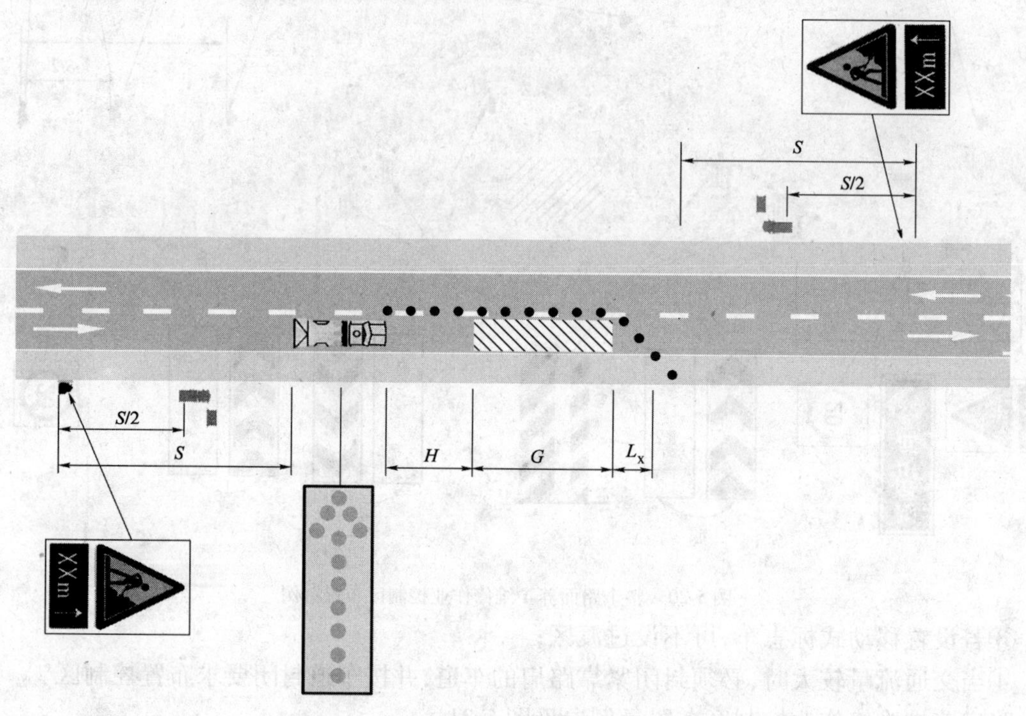

图 5-22　临时定点养护维修作业控制区布置示例

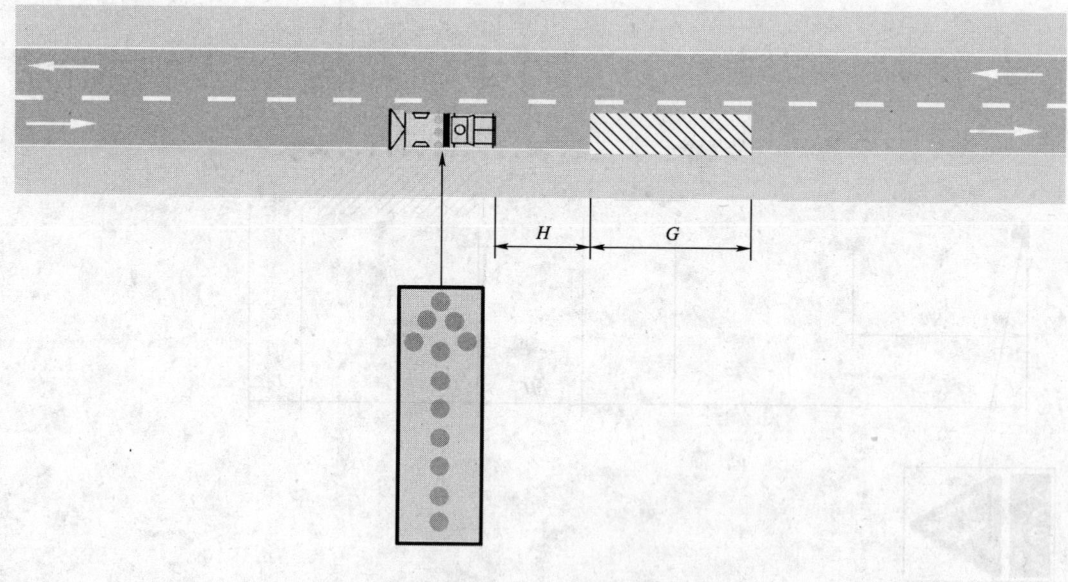

图 5-23　移动养护维修作业

四、特大桥桥面和隧道养护维修作业控制区布置

1. 基本要求

(1) 在开放交通条件下的养护维修作业，应制定控制区交通管理方案。

(2) 应配备专职人员加强车速限制和车辆限宽的管理。

(3) 隧道入口前必须设置施工标志、限制速度和限宽标志。

(4) 隧道控制区必须有足够的照明。

(5) 特大桥的养护维修，应根据需要设置限载标志。

(6) 特大桥以外的其他桥梁养护维修作业控制区的布置可参照本规程执行。

2. 特大桥养护维修作业控制区布置

特大桥养护维修作业控制区的布置，宜只封闭一条车道进行养护维修作业。当为单向3车道时，封闭部分的宽度最大不宜超过两条车道。

3. 隧道养护维修作业控制区布置

(1) 隧道单洞双向交通的控制区布置，应只封闭一条车道进行养护维修作业，隧道口应设置交通信号灯并配备交通指挥人员，并至少应从隧道口开始封闭养护维修作业车道，单洞双向交通的作业控制区布置示例参见图5-24、图5-25。当工作区处于弯道范围时，应将警告区的起始位置前移至道路的直线段，作业控制区可参照图5-20布置。

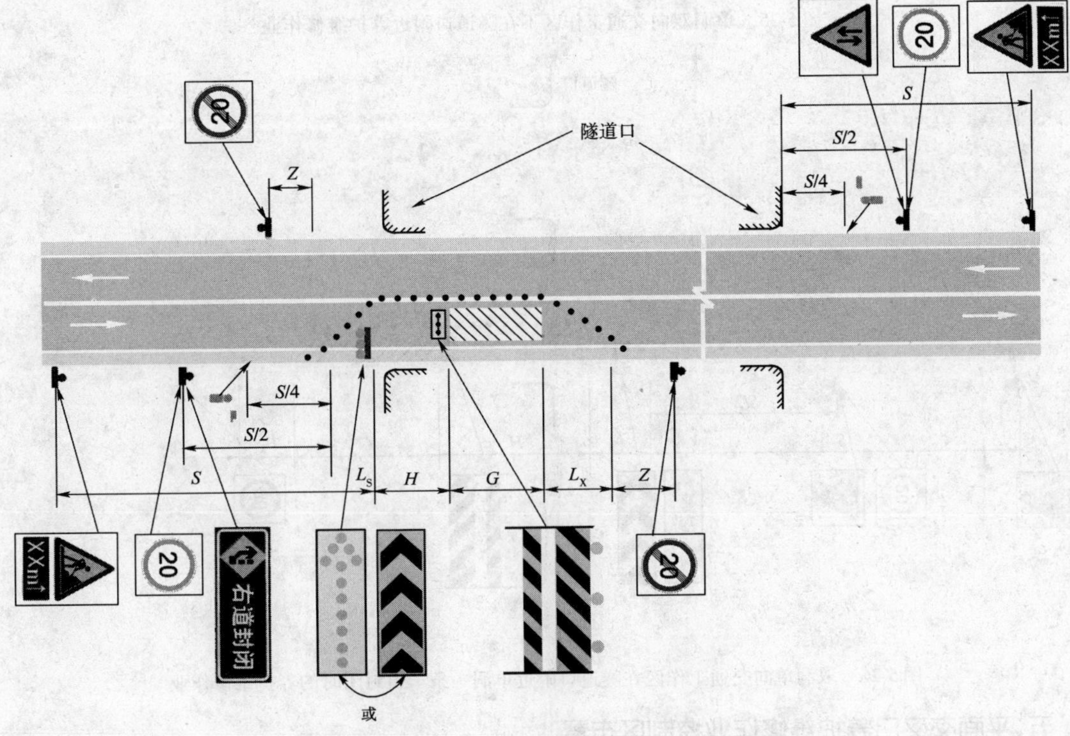

图5-24　单洞双向交通工作区在隧道口附近养护维修作业

(2) 隧道双洞单向交通的控制区布置应将警告区和上游过渡区设于洞口外。双洞单向交通的作业控制区布置示例参见图5-26～图5-28。

(3) 移动维修作业时，宜设置移动式标志车，并应在隧道两端配备交通指挥人员，作业周期大于两小时时须设置锥形交通路标，作业控制区可参照图5-15、图5-16布置。

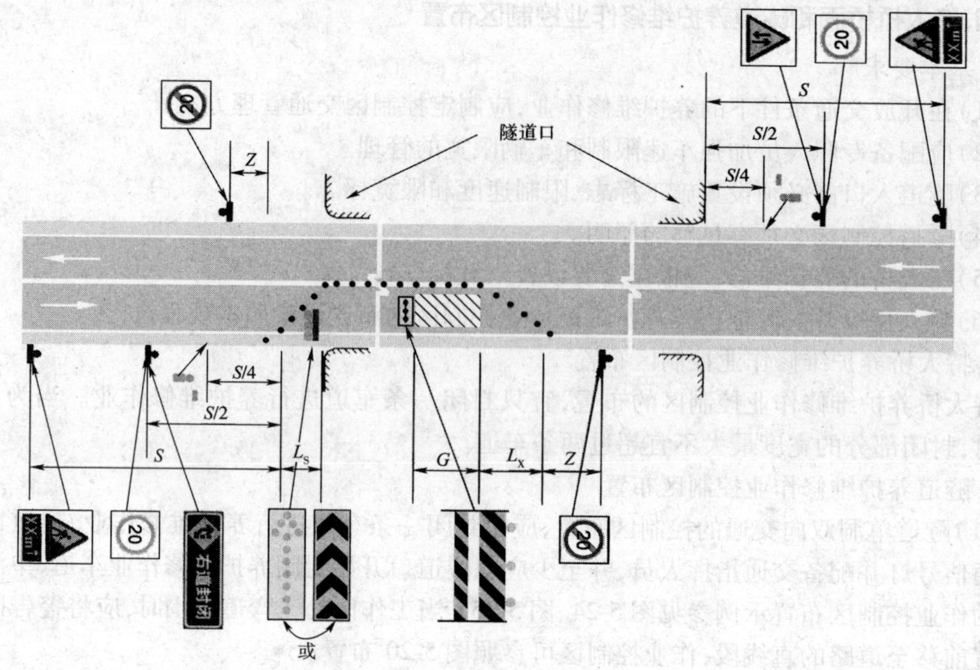

图 5-25　单洞双向交通工作区不在隧道口附近养护维修作业

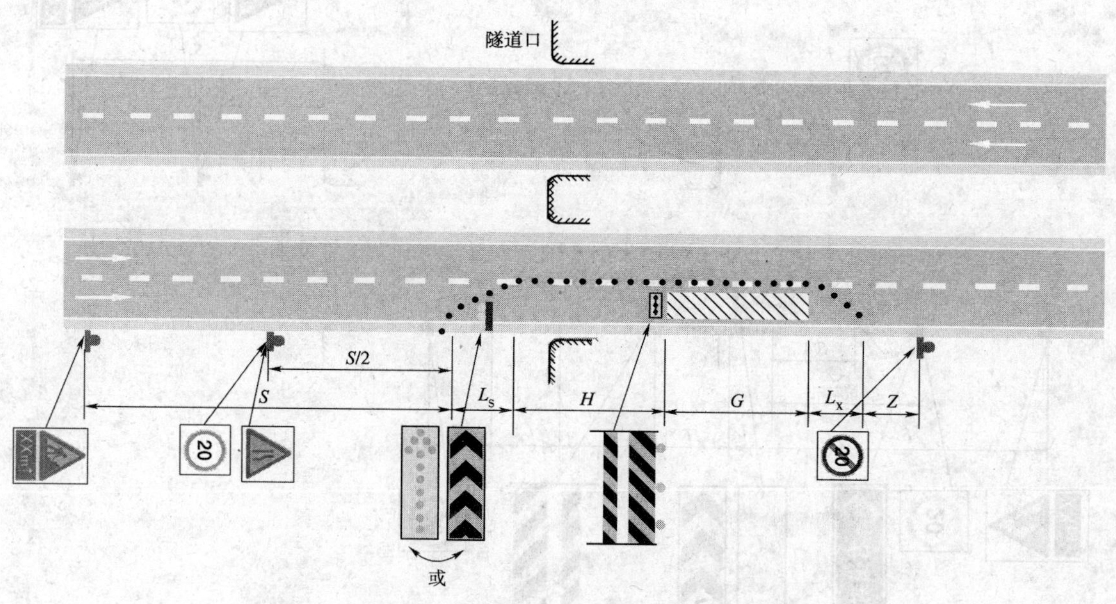

图 5-26　双洞单向交通工作区在隧道口附近单洞一条车道封闭时的养护维修作业

五、平面交叉口养护维修作业控制区布置

(1)平面交叉口养护维修作业控制区内交通标志的设置要合理、前后协调,起到引导车流平稳变化的作用。

(2)平面交叉口进口或出口车道因封闭改为双向通行时,应划出黄色车道分隔线。如车道宽度不够,不能双向通行时,应由现场指挥人员指挥车辆单向通行。

(3)平面交叉口养护维修作业控制区的上游视距不良时,可在作业控制区上游的适当位

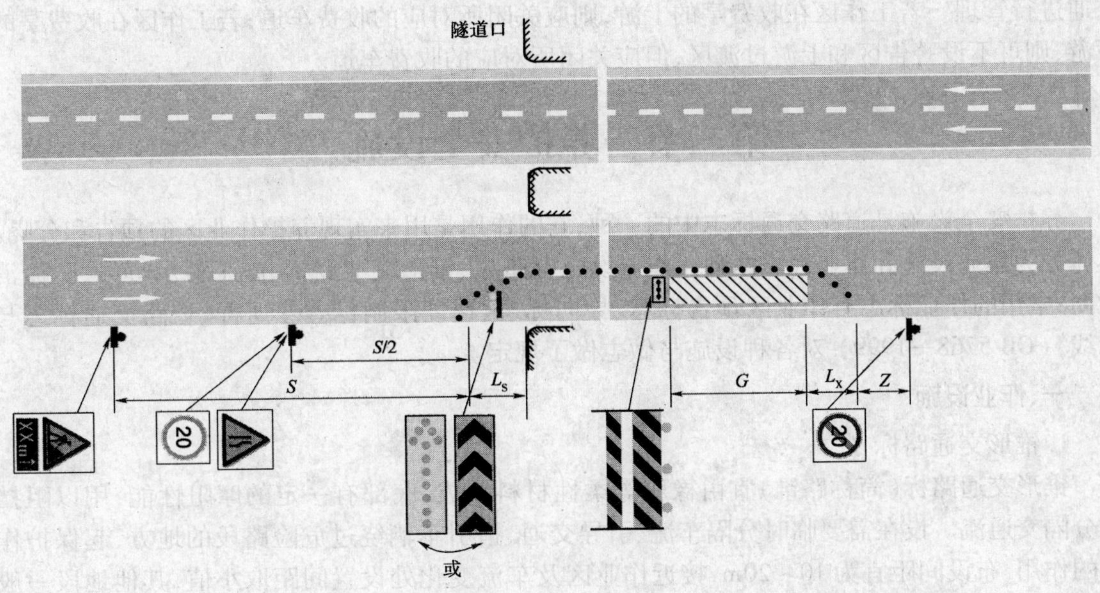

图 5-27　双洞单向交通工作区不在隧道口附近单洞一条车道封闭时的养护维修作业

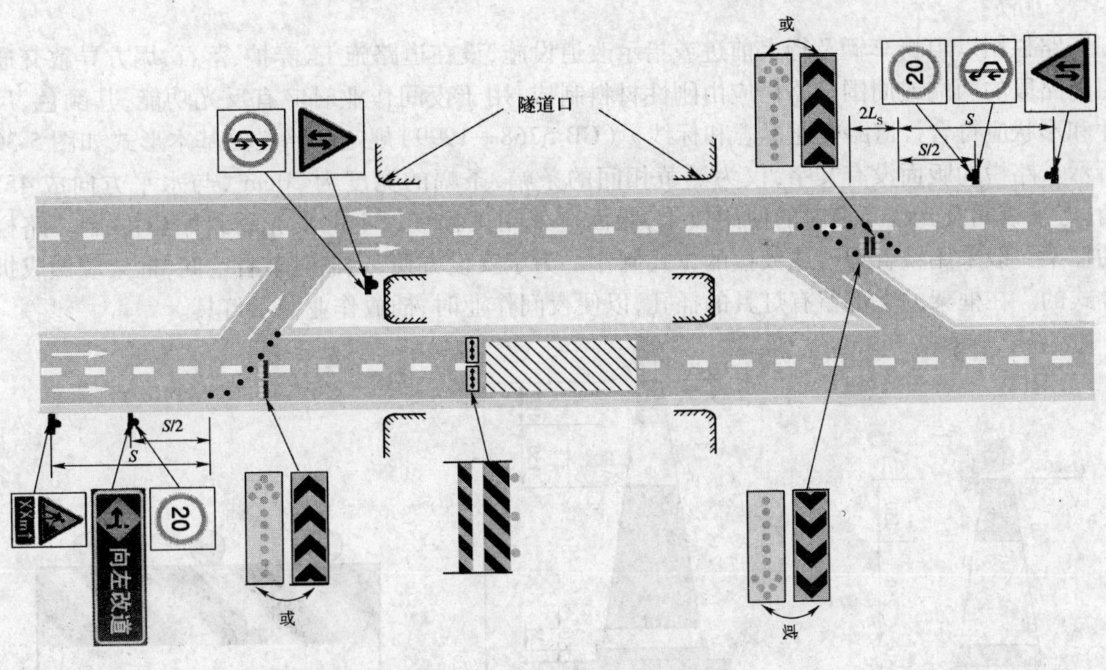

图 5-28　双洞单向交通单洞全车道封闭养护维修作业

置处增设施工标志。

(4)平面交叉口养护维修作业控制区布置还应符合以下规定：

①必须在工作区与缓冲区分界处设置施工警告灯号；

②设置移动式标志车；

③作业车上必须安装施工警告灯号。

六、收费广场养护维修作业控制区布置

在收费广场进行养护维修作业时，应关闭受维修作业影响的收费车道，并对作业控制区的

交通进行管理。若工作区在收费亭的上游,则应关闭所对应的收费车道;若工作区在收费亭的下游,则可不设警告区和上游过渡区,但应关闭所对应的收费车道。

第二节 养护安全设施

养护安全设施是道路交通标志中的一种,它的作用是用来实现养护作业区的预告和分隔。具体分为作业设施和作业标志两种。作业设施有路栏、锥形交通路标、施工警示灯号、防撞消能筒;常用的作业标志有作业区预告标志、导向标志、速度限制标志。现行《道路交通标志与标线》(GB 5768—1999) 对各种设施与做志做了规定。

一、作业设施

1. 锥形交通路标

锥形交通路标(简称路锥)宜由橡胶等柔性材料制成,底部有一定的摩阻性能,用以阻挡或分隔交通流。设在需要临时分隔车流、引导交通、指引车辆绕过危险路段的地方,起保护作业的作用,布设间距宜为 10 ~ 20m,接近作业区及车流变化处设置间距取小值,其他地段一般为大值。用于夜间作业时应有反光功能,并配施工警告灯号,参见图 5-29。

2. 路栏

路栏用以阻挡车辆及行人前进或指示改道设施,设在道路施工、养护、落石、塌方导致交通阻断路段的两端或周围。路栏应由刚性材料制成,用于夜间作业时应有反光功能,其颜色、尺寸和形状应符合《道路交通标志和标线》(GB 5768—1999)规定。路栏的基本形式如图 5-30 所示。路栏的版面没有文字,仅为黑黄相间的条幅,条幅的宽度为 20cm ,与水平方向成 45°角,考虑夜间及光线不良时的使用效果,版面应采用工程级以上的反光材料贴(印)制。路栏的框架一般采用铁管焊接或铰接的方式制作。为了安设方便,运输时节省空间,框架应做成折叠式的。在框架的上部留有灯具的插孔,以便夜间作业时,插放作业警示灯具。

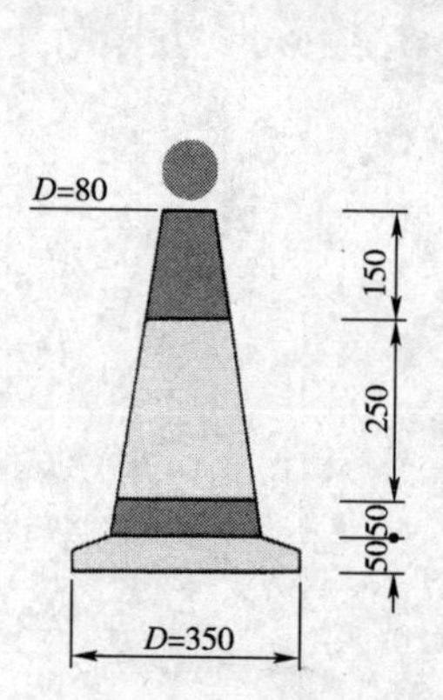

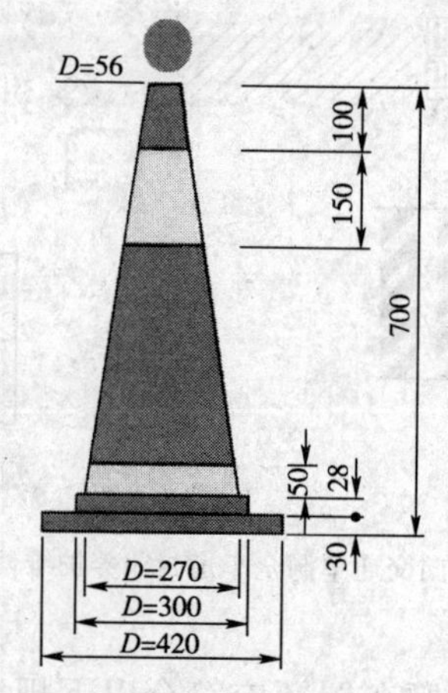

图 5-29 配有施工警告灯号的锥形交通路标(尺寸单位:mm)

图 5-30 附设施工警示灯的护栏

路栏的作用是十分重要的,但由于常以拦截式的方式设置,因此,经常面临着被撞的危险。在所有这些设施中,路栏遭受损坏的机会是最频繁的。为了尽量减少损失,提高其可维修的性能,框架杆件之间的连接以及版面与框架的连接都采用螺栓连接的方式,各种部件避免采用头锐的或突起的构件。这种设施采用了接合处比较薄弱的设计,从维修方面着想,损坏的方式往

往是最理想的，一旦损坏，大部分杆件可以重新使用，同时，对于车辆和人员也可避免发生严重的伤害。

3. 安全带

安全带宜由布质等柔性材料制成，宽度为10～20cm，带上有红白相间色，用于夜间作业时应有反光功能。宜与其他设施一起组合使用。

4. 施工隔离墩

施工隔离墩宜为由线性低密度聚乙烯等高强合成材料制成的空心半刚性装置，其上有黄色、黑色和反光器，使用时内部应放置水袋或灌水，并由连杆相连接，参见图5-31和图5-32。

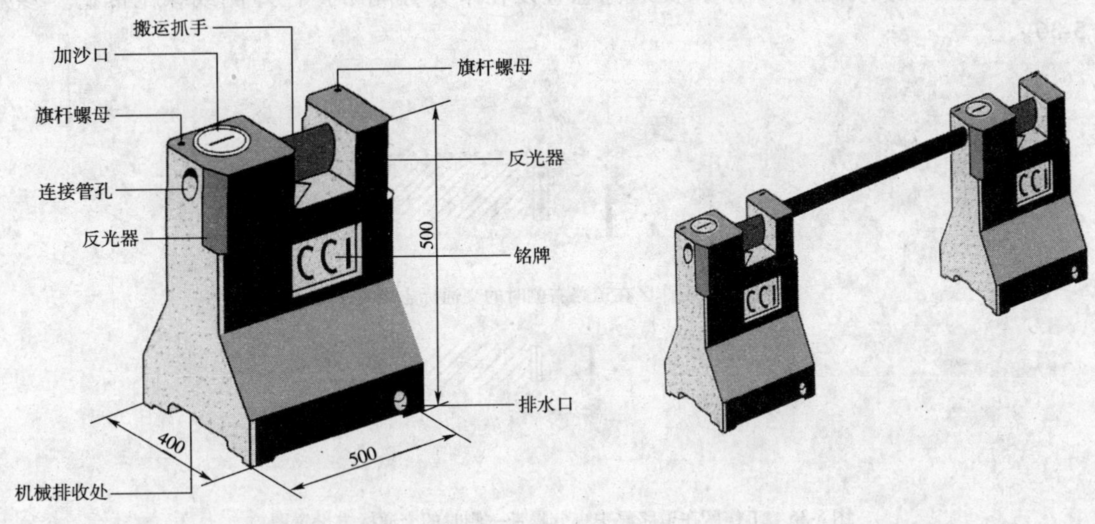

图5-31　施工隔离墩(尺寸单位:mm)　　图5-32　施工隔离墩的连接

5. 防撞桶(墙)

防撞桶(墙)应为半刚性装置，由线性低密度聚乙烯等高强合成材料制成的空心装置，其上有黄黑相间色，顶部可安装黄色施工警告灯号，使用时内部应放置水袋或灌水，防撞墙还应两个为一组组合在一起使用，参见图5-33和图5-34。

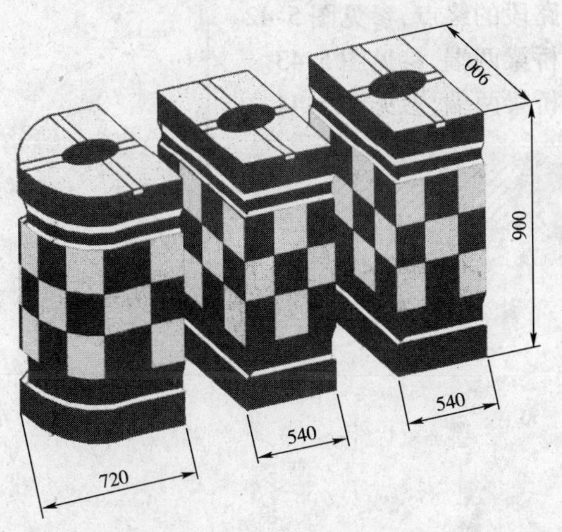

图5-33　防撞桶(尺寸单位:mm)

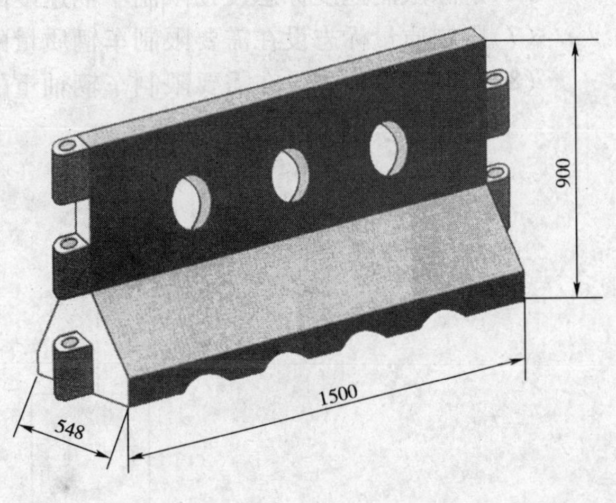

图5-34　防撞墙的结构(尺寸单位:mm)

二、作业标志

根据养护维修作业的情况，为养护维修作业而临时设置的交通标志，主要有警告标志、禁令标志、指示标志和施工区标志。交通标志的设置除应符合现行《道路交通标志和标线》（GB 5768—1999）规定外，在养护维修作业时，还应根据具体情况设置于专门的位置，并尽可能采用公路可变信息板，配以图案或文字说明。在弯道、纵坡处进行养护维修作业时，应根据实际情况增设交通标志。

当工作区在道路右侧时，交通标志宜设在车道右侧或工作区上游车道上，参见图5-35。当工作区在道路靠中央分隔带一侧时，交通标志宜设在中央分隔带护栏外侧或绿化带上。参见图5-36。

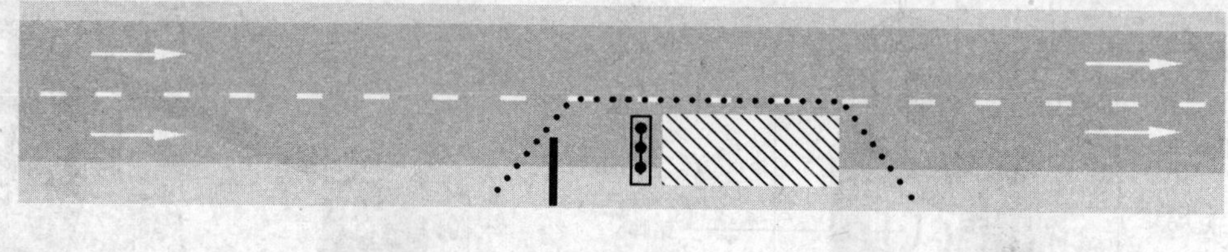

图5-35　工作区在道路右侧时的交通标志设置图

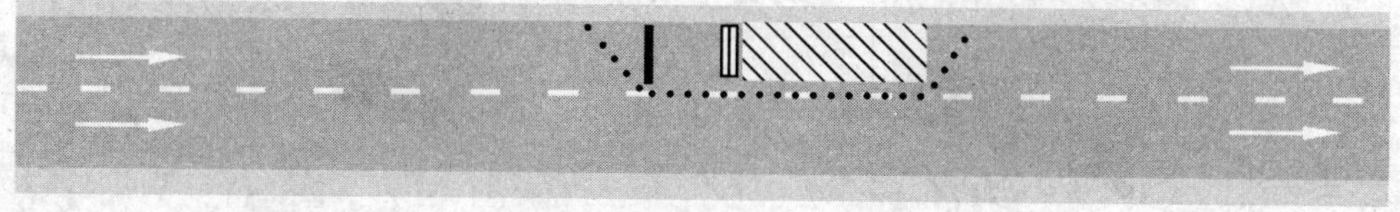

图5-36　工作区在道路靠中央分隔带一侧时的交通标志设置图

（1）禁止通行标志设在禁止通行的道路入口附近，参见图5-37。

（2）禁止驶入标志设在禁止驶入的路段入口，或单行路的出口处，参见图5-38。

（3）禁止超车标志设在禁止超车路段的起点，参见图5-39。

（4）解除禁止超车标志设在禁止超车路段的终点，参见图5-40。

（5）限制速度标志设在需要限制车辆速度的路段的起点，参见图5-41。

（6）解除限制速度标志设在限制车辆速度的路段的终点，参见图5-42。

（7）限制质量标志设在需要限制车辆质量的桥梁两端，参见图5-43。

（8）限制轴重标志设在需要限制车辆轴重的桥梁两端，参见图5-44。

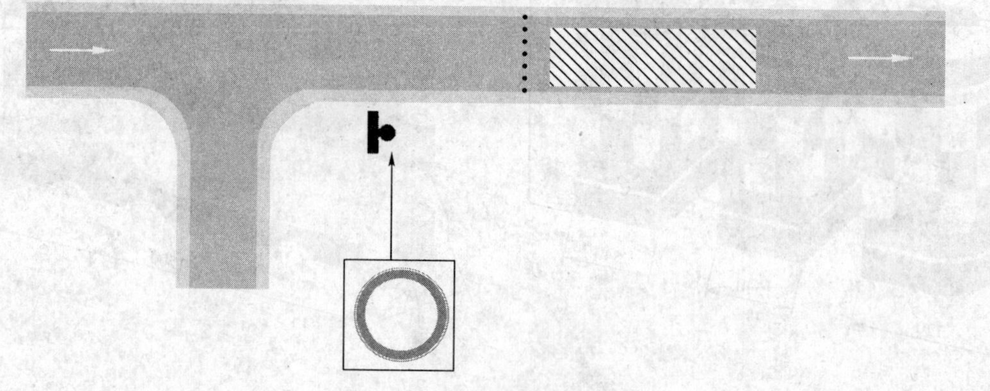

图5-37　禁止通行标志的设置图

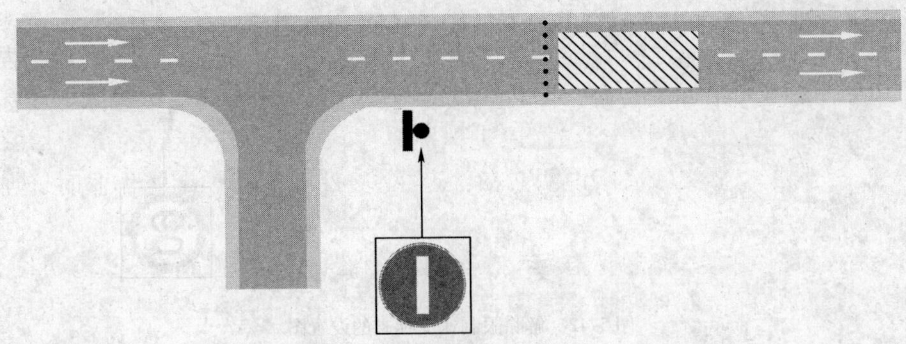

图 5-38　禁止驶入标志的设置图

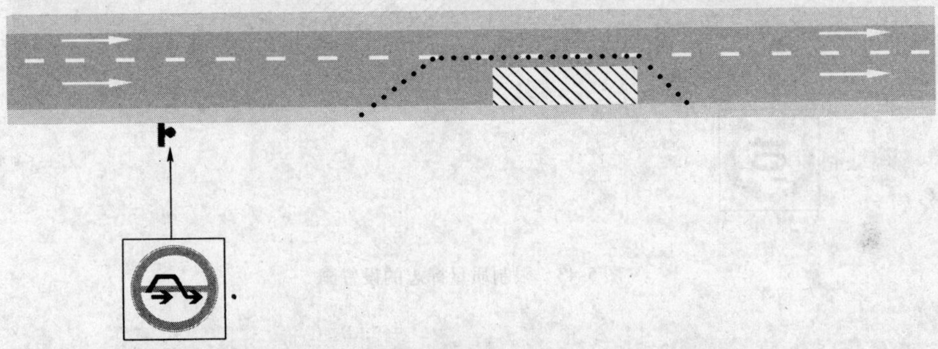

图 5-39　禁止超车标志的设置图

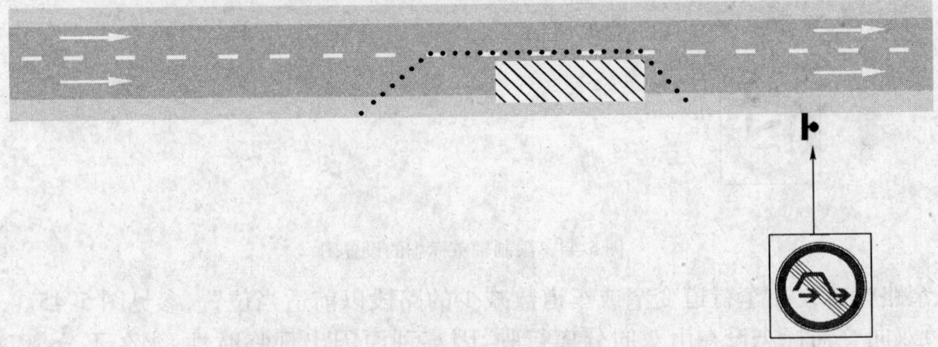

图 5-40　解除禁止超车标志的设置图

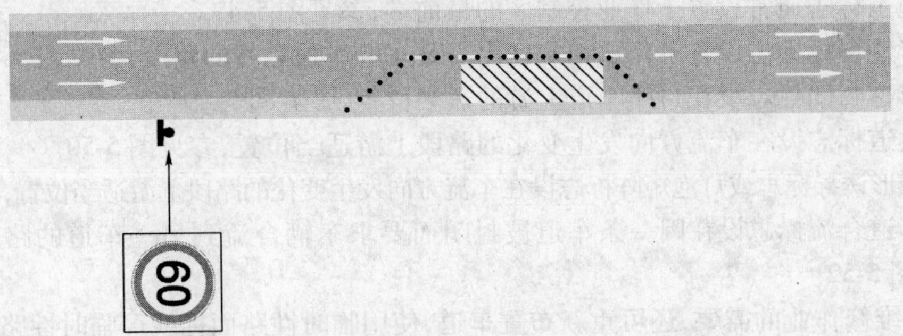

图 5-41　限制速度标志的设置图

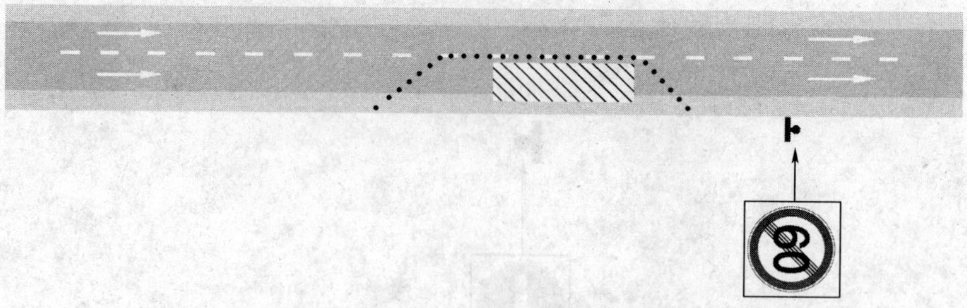

图 5-42　解除限制速度标志的设置图

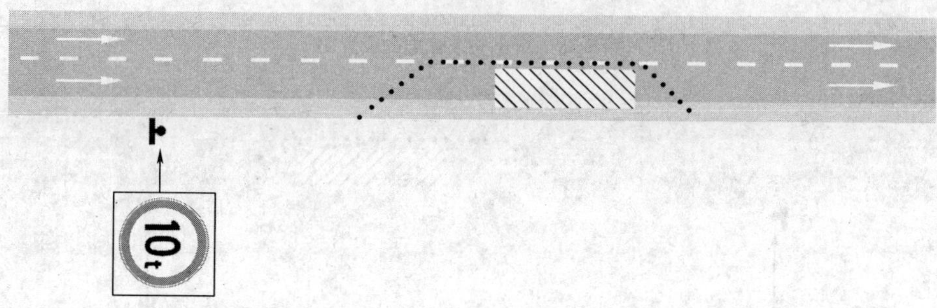

图 5-43　限制质量标志的设置图

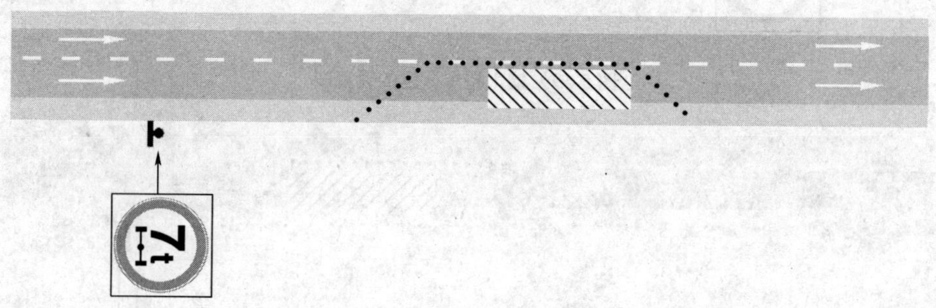

图 5-44　限制轴重标志的设置图

(9)窄路标志设在车行道变窄或车道数减少的路段以前适当位置,参见图 5-45。

(10)双向交通标志设在由双向分离行驶、因某种原因出现临时性、永久不分离双向行驶的路段或由单向行驶进入双向行驶的路段以前适当位置,参见图 5-46。

(11)施工标志通常设置于作业控制区的最前端,参见图 5-47。

(12)车辆慢行标志设置于作业控制区内需要车辆车速减慢的路段,参见图 5-48。

(13)车道封闭标志设在封闭车道上游的适当位置,参见图 5-49。

(14)改道标志设在车流方向发生变化的路段上游适当位置,参见图 5-50。

(15)线形诱导标志或灯泡矩阵标志设在车流方向发生变化的路段上游适当位置,参见图 5-51。

(16)车道合流标志设在因一条车道被封闭而要求车辆合流到另一车道的路段上游适当位置,参见图 5-52。

因养护维修作业的需要,还可重新布置车道,使用临时性路面标线。临时性路面标线应使用与原路面标线不同的颜色加以区分。养护维修作业期间,原先与临时性标线有矛盾的路面标线在不能用其他方式加以区分时,必须除去或覆盖。

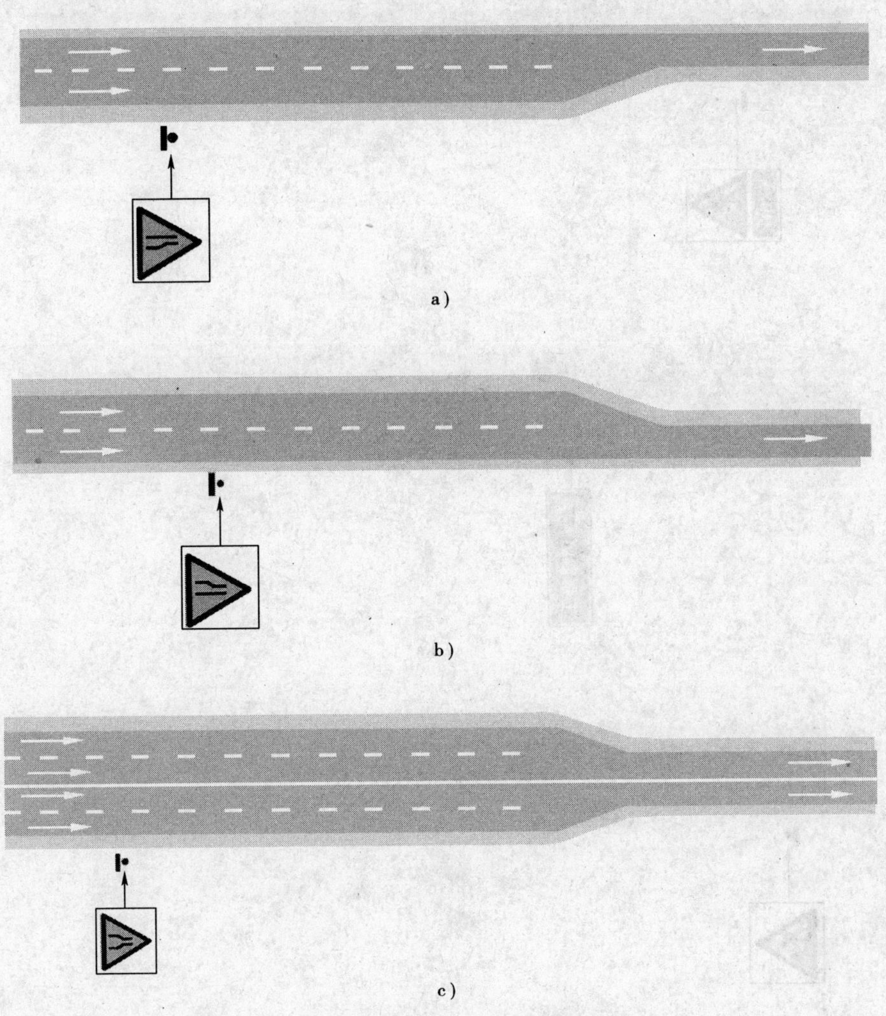

a）

b）

c）

图 5-45　窄路标志的设置图

a）右侧变窄；b）左侧变窄；c）两侧变窄

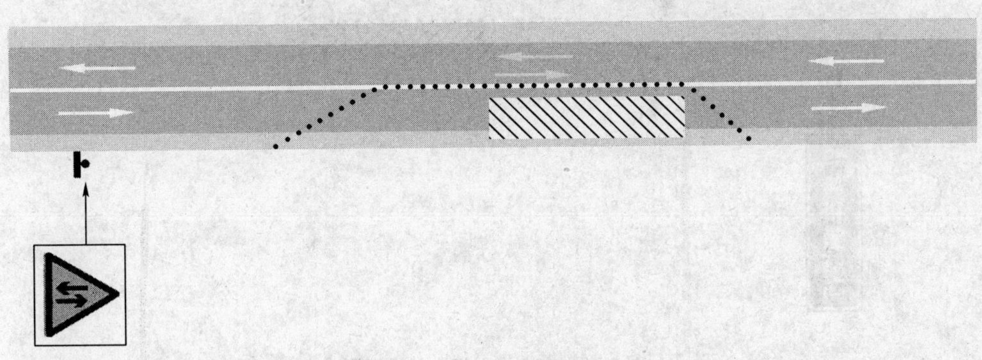

图 5-46　双向交通标志的设置图

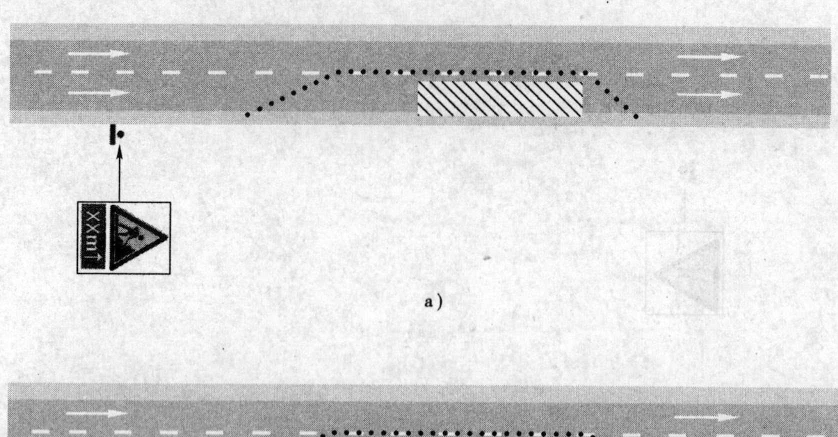

a)

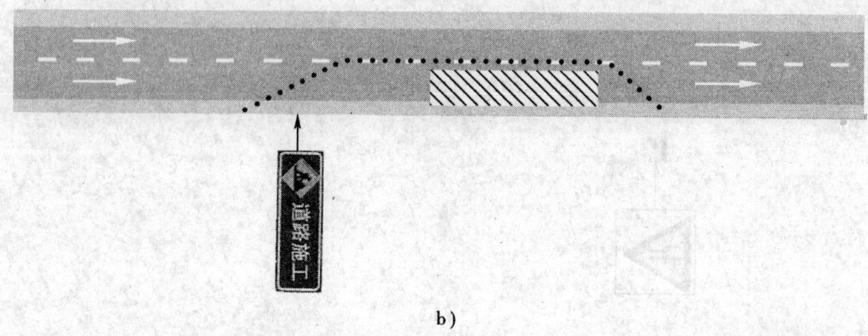

b)

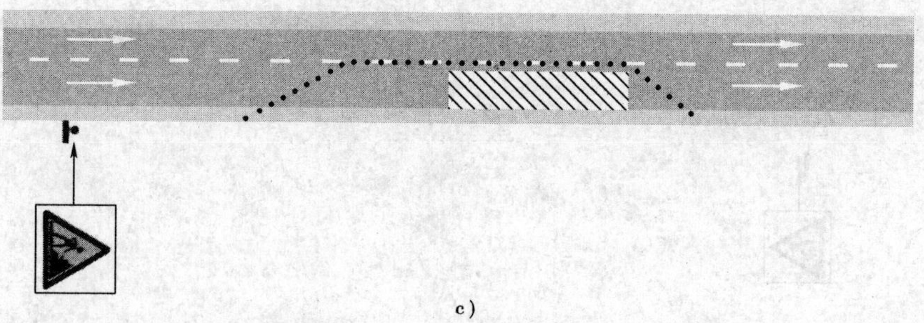

c)

图 5-47　施工标志的设置图

a)前方施工;b)道路施工;c)施工

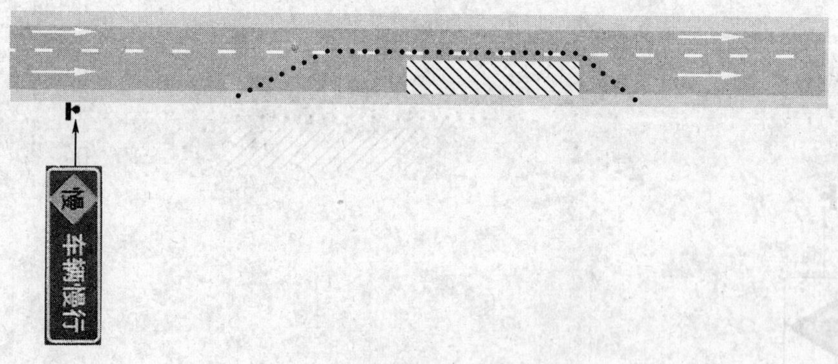

图 5-48　车辆慢行标志的设置图

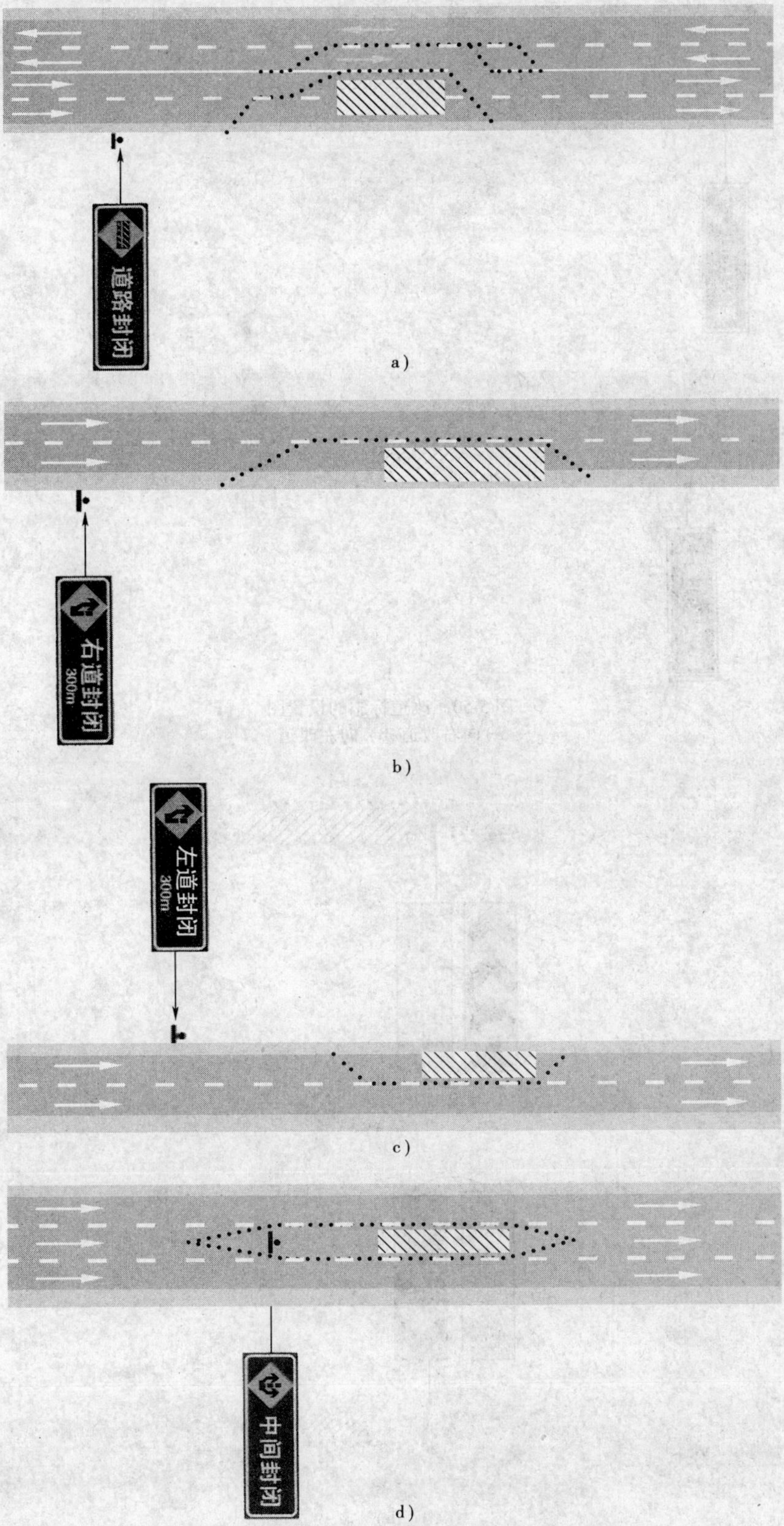

a)

b)

c)

d)

图 5-49 车道封闭标志的设置图

a)道路封闭标志;b)右道封闭标志;c)左道封闭标志;d)中间封闭标志

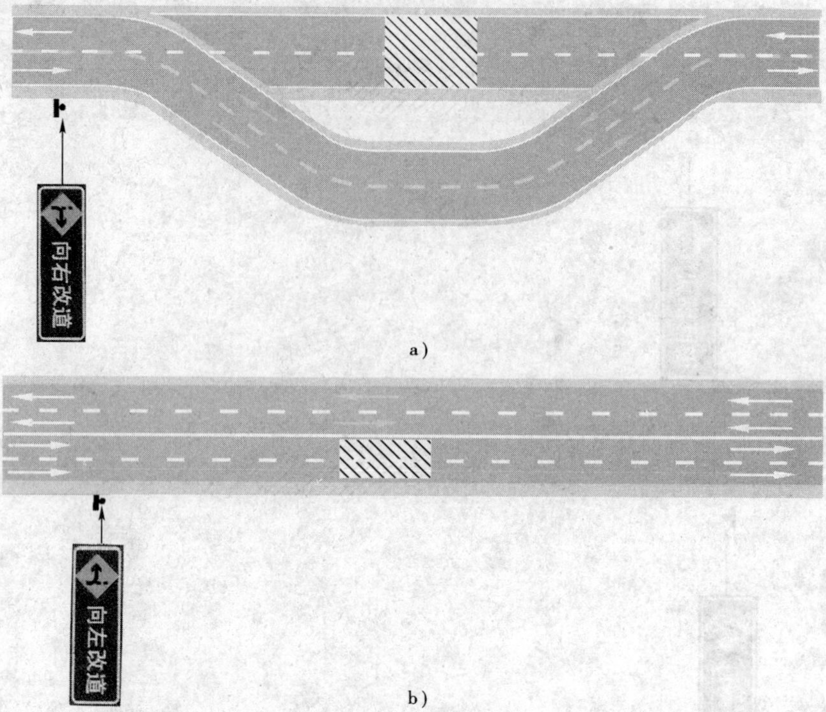

a）

b）

图 5-50　改道标志的设置图
a）向右改道；b）向左改道

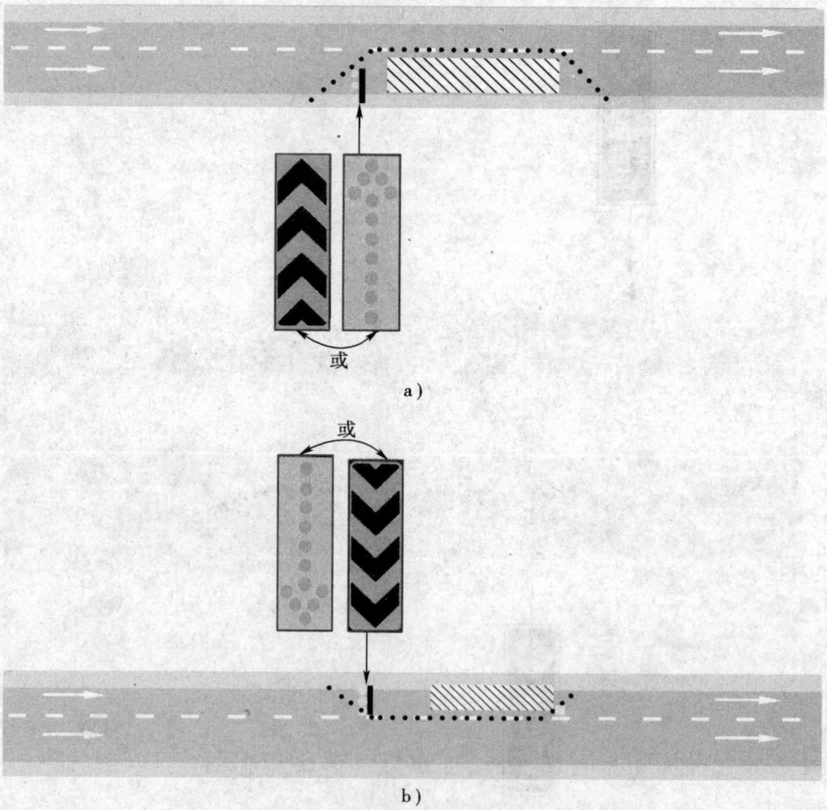

a）

b）

图 5-51　线形诱导标志的设置图
a）向左行驶；b）向右行驶

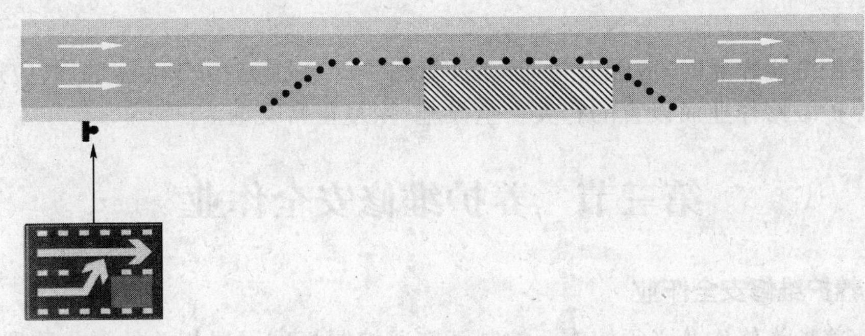

图 5-52　车道合流标志的设置图

三、养护作业服饰

养护作业服饰分为日常作业服饰、反光作业服饰、防雨作业服饰、盔式安全帽。日常作业服饰主要用于白天视线良好，从事高速公路清扫、绿化、美化、维修、保养等作业项目的人员穿着。日常作业服视季节的不同采用不同的式样，其面色为橘红色，要符合《安全色》（GB 2893—2008）和《安全色使用导则》（GB 6527.2—1986）的规定，起到醒目作用。一般穿着上装或上装与帽子同时佩戴，作业服装要保持颜色鲜明，对油污或褪色严重的要及时更换。反光作业服饰主要用于夜间等视线不良期间所从事养护作业的人员穿着，如夜间必须进行作业、设备看护等。反光作业服的反光部分面积应尽量大，其最小宽度不小于 5cm ，反光部分与不反光部分交替配置。防雨服饰主要用于雨天从事的养护作业项目，既能有明显的标识作用，又能起到防雨的作用。盔式安全帽的颜色采用橘红色，要求有一定的强度，主要用于有高空或起重作业的现场工作人员佩戴。

四、移动式标志车

带有动力装置或可移动装置（拖车）的安全防护设施，颜色应为醒目黄色，装有黄色施工警告灯号，其后部有醒目的标志牌，图案和显示形式可按实际需要改变，参见图 5-53。使用时其尾部应面向交通流方向，设置于上游过渡区内或缓冲区内。

五、施工警告灯号

施工警告灯号的设置应符合《道路交通标志和标线》（GB 5768—1999）规定，宜与其他安全设施一起组合使用，参见图 5-54。

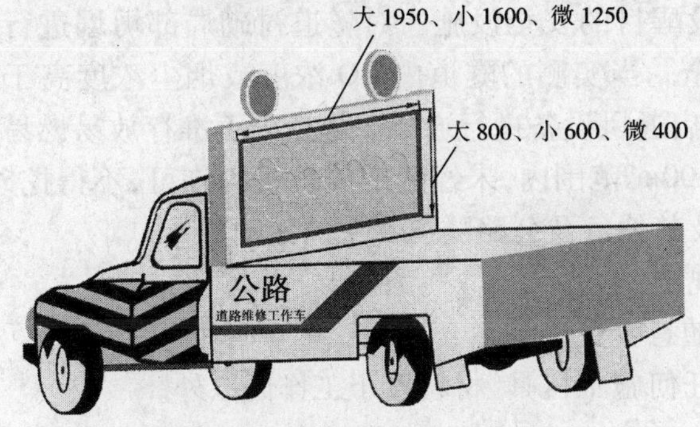

图 5-53　移动式标志车（尺寸单位：mm）

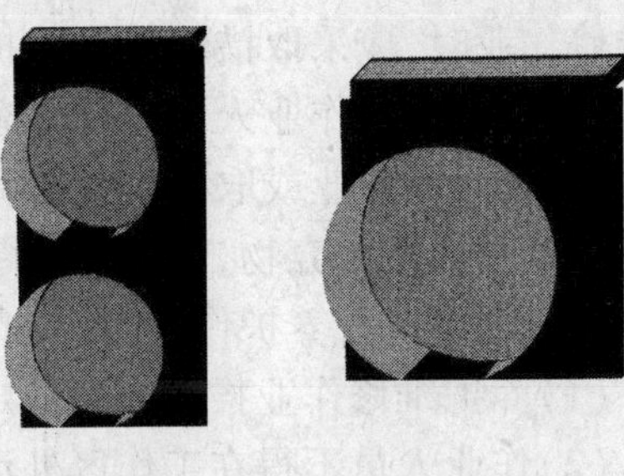

图 5-54　施工警告频闪灯

六、夜间照明设施

当夜间进行养护维修作业时，应设置照明设施。照明必须满足作业要求，并覆盖整个工作区域。

当进行养护维修作业时，应顺着交通流方向设置安全设施。当作业完成后，应逆着交通流方向撤除为养护维修作业而设置的有关安全设施，恢复正常交通。

第三节　养护维修安全作业

一、公路养护维修安全作业

公路路面养护维修作业必须按作业控制区交通控制标准设置相关的渠化装置和标志，并指派专人负责维持交通；在山体滑坡、塌方、泥石流等路段养护维修作业时，应设专人观察险情；在高路堤路肩、陡边坡等路段养护维修作业时，应采取防滑坠落措施，并注意防备危岩、浮石滚落；坑槽修补应当天完成，若不能完成须按本规程规定布置养护维修作业控制区。

在高速公路和一级公路上养护维修作业时，应用车辆接送养护维修作业人员。养护维修作业人员不得在控制区外活动或将任何物体置于控制区以外。

二、桥梁养护维修安全作业

桥梁养护应按作业控制区布置要求设置相关的渠化装置和标志，并设专人负责维持交通。作业时，应首先要了解架设在桥面上下的各种管线，并应注意保护公用设施（煤气、水管、电缆、架空线等），必要时应与有关单位联系，取得配合。在桥梁栏杆外进行作业须设置悬挂式吊篮等防护设施，作业人员须系安全带。桥墩、桥台维修时，应在上、下游航道两端设置安全设施，夜间须设置警示信号。

三、隧道养护维修安全作业

隧道养护作业宜选择在交通量较小时段进行。在进行养护作业前，应做好以下工作：

（1）检测隧道内 CO、烟雾等有害气体的浓度及能见度是否会影响施工安全。

（2）检测隧道结构状况是否会影响作业安全，如有危险，应先处理后作业。

（3）检查施工道信号灯是否准确、明显，施工标志设置是否规范。

（4）对养护机械、台架应进行全面的安全检查，并应在机械上设置明显的反光标志，在台架周围设置防眩灯，以反映作业现场的轮廓。

在养护维修明洞和半山洞前，应及时清除山体边坡或洞顶危石。在隧道内进行登高堵漏作业或维修照明设施时，登高设施的周围应设醒目的安全设施。对隧道衬砌局部坍塌进行养护维修作业时，应采取措施保证养护人员安全。当实测的隧道内 CO 浓度或烟尘浓度高于规定的允许浓度时，作业人员应及时撤离，并开启通风设备进行通风。隧道内不准存放易燃易爆物品，严禁明火作业或取暖。隧道洞口周围 100m 范围内，未经隧道养护机构许可，不得挖砂、采石、取土、倾倒废弃物，不得进行爆破作业及其他危及公路隧道安全的活动。

在隧道内进行养护作业时，应遵守以下规定：

（1）养护维修作业控制区经划定后不得随意变更。

（2）作业人员不得在工作区外活动或将任何施工机具、材料置于工作区以外。

（3）养护施工路段内的照明应满足要求。

隧道内发生交通事故时，应通知并配合交通安全管理部门到现场处理交通事故。并尽快清理现场，排除路障，恢复隧道正常行车，并登记相关损失。应认真分析事故原因，恢复或改善隧道的防灾能力。

四、冬季除雪安全作业

除雪应以机械为主,在机械除雪不能操作的地方可辅之以人工除雪。作业时除做好防滑措施还应加强交通管制。

五、雨季安全作业

暴雨台风前后,首先应检查工地临时设施。脚手架、机电设备、临时线路,发现倾斜、变形、下沉、漏电、漏雨等现象,应及时修理加固。在雨季养护维修作业时,作业现场应及时排除积水,人行道的上下坡应挖步梯或铺砂,脚手板、斜道板、跳板上应采取防滑措施。加强对排架、脚手架和土方工程的检查,防止倾斜和坍塌。处于洪水可能淹没地带的机械设备、材料等应做好防范措施,施工人员要提前做好安全撤离的准备工作。长时间在雨季中作业的工程,应根据条件搭设防雨棚。作业中遇有暴风雨应停止施工。现场道路应加强维护,斜道和脚手板应有防滑措施。

六、雾天养护维修安全作业

一般情况下,雾天不宜进行养护维修作业。如必须要进行抢修时,宜会同有关部门,封闭交通进行作业,所有安全设施上均须设置黄色施工警告灯号。

七、山区养护维修安全作业

在视距条件较差或坡度较大的路段进行养护维修作业时,应设专人指挥交通,作业控制区应增加有关设施。控制区的施工标志应与急弯路标志、反向弯路标志或连续弯路标志等并列设置。在同一弯道不得同时设置两个或两个以上养护维修作业控制区。

八、清扫、绿化养护及道路检测安全作业

(1)严禁在能见度差(如夜晚、大雾天)的条件进行人工清扫。

(2)凡需占用车道进行绿化作业时,必须按作业控制区的布置要求设置有关标志。遇大风、大雨、下雪、雾天等特殊气候时必须停止绿化养护维修作业。高速公路、一级公路中央分隔带绿化浇水作业时,浇水车辆尾部必须安装发光可变标志牌或按移动养护维修作业控制区布置。

(3)道路检测车在高速公路、一级公路进行道路性能检测时,凡行进速度低于50km/h时,均应按临时定点或移动养护维修作业控制区布置,或应在检测设备尾部安装发光可变标志牌。

九、养护维修机具安全操作

养护机械应按其技术性能要求正确使用,不得使用缺少安全装置或安全装置已失效的机械作业,不得操作带故障的机械作业。操作人员必须执行有关工作前的检查制度、工作中的观察制度和工作后的检查保养制度。养护机械进入施工现场前,应查明行驶路线上的隧道、跨线桥的通行净空,必要时应验算桥梁的承载力,确保机械设备安全通行。作业时,操作人员应熟悉作业环境与施工条件。当靠近架空输电线路作业时,必须采取安全保护措施,养护机械工作装置运动轨迹范围与架空导线的安全距离必须符合相关规定。

养护机械应按时进行保养,严禁养护机械带故障运转或超负荷运转。禁止在养护机械运转中进行保养、修理作业。检查维修各种电气设备时,应停电作业。

参 考 文 献

[1] 中华人民共和国行业标准. 公路养护技术规范（JTJ 073—96）. 北京：人民交通出版社,1996.

[2] 陈红. 交通工程设施试验检测技术. 北京：人民交通出版社,2000.

[3] 中华人民共和国行业标准. 公路交通安全设施标准汇编. 北京：人民交通出版社,2001.

[4] 中华人民共和国国家标准.《道路交通标志和标线》应用指南. 北京：中国标准出版社,1999.

[5] 中国公路学会交通工程手册编委会. 交通工程手册. 北京：人民交通出版社,1998.

[6] 王红霞. 公路养护与管理技术. 北京：人民交通出版社,2006.

[7] 高速公路养护管理手册编委会. 高速公路养护管理手册. 北京：人民交通出版社,2002.

[8] 段国钦. 高速公路机电系统运行与维护手册. 北京：人民交通出版社,2006.

[9] 马健. 公路养护工. 北京：人民交通出版社,2002.

[10] 交通部科技教育司. 公路养护与管理. 北京：人民交通出版社,2007.

[11] 高速公路丛书编委会. 高速公路交通工程及沿线设施. 北京：人民交通出版社,2002.